Handlungskompetenz im Ausland

herausgegeben von
Alexander Thomas, Universität Regensburg

Vandenhoeck & Ruprecht

Emily J. Slate
Sylvia Schroll-Machl

Beruflich in den USA

Trainingsprogramm für Manager, Fach- und Führungskräfte

3. Auflage

Vandenhoeck & Ruprecht

Die 7 Cartoons hat Jörg Plannerer gezeichnet.

Bibliografische Information Der Deutschen Bibliothek

Die Deutsche Bibliothek verzeichnet diese Publikation in der Deutschen
Nationalbibliografie; detaillierte bibliografische Daten sind im Internet
über <http://dnb.ddb.de> abrufbar.

ISBN 978-3-525-49062-4

Satz: Satzspiegel, Nörten-Hardenberg
Druck und Bindung: ⊕ Hubert & Co, Göttingen

Gedruckt auf alterungsbeständigem Papier.

◼ Inhalt

■ Vorwort

Die amerikanische Businesswelt ist an vielen Stellen fundamental anders als die deutsche. Wer die amerikanische Kultur nicht als fremd anerkennt und sich ohne Vorbereitung auf das Abenteuer des Arbeitens in den USA oder bei der Tochter eines US-Konzerns einlässt, wird den Unterschied spüren – schneller und härter als ihm lieb ist. Wenn Sie in den USA leben oder mit Amerikanern eng zusammenarbeiten wollen, erwartet niemand von Ihnen, dass Sie wie ein Amerikaner werden. Aber wenn Sie die amerikanischen Werte verstehen, tun Sie sich leichter mit dem, was um Sie herum passiert. Sie werden Ihre Ziele schneller erreichen. Das Verständnis für den Geschäfts- und Gesprächspartner auf der anderen Seite der Welt wird so manche Fehlinterpretation verhindern und Irritationen vermeiden – konfliktfrei ist der Geschäftsalltag damit aber noch nicht.

In weiten Bereichen ähneln sich die amerikanische und die deutsche Kultur. Sie müssen sich aber nicht mit den Gemeinsamkeiten beschäftigen, denn diese verursachen keine Probleme. Dieses Buch konzentriert sich vielmehr auf das, was wir *nicht* gemeinsam haben. Wir wollen versuchen, Ihnen den »American Way of Life« zu vermitteln. Erwarten Sie keine Handlungsanweisungen, sondern eine Beschreibung der amerikanischen »Kulturstandards«. Das sind definierte Merkmale bestimmter Werte, Überzeugungen, Grundhaltungen und Grundeinstellungen, die auf der Basis wissenschaftlicher Ergebnisse gewonnen werden und sich als Muster beschreiben lassen. Das Verstehen dieser »Kulturstandards« wird Sie in die Lage versetzen, das Verhalten Ihrer amerikanischen Partner zutreffender zu interpretieren sowie selbst kulturangemessene Handlungsstrategien im Umgang zu entwerfen, um böse Überraschungen und unnötige Konflikte zu vermeiden.

Werthaltungen, die eine Kultur prägen, sind das Produkt ihrer Geschichte. Und die amerikanische Geschichte unterscheidet sich sehr von den Ländern Europas. Es waren zwar überwiegend europäische Siedler, die den Kontinent kolonisierten und damit das Fundament für die heutige Kultur legten, aber sie haben Europa verlassen, weil sie etwas anderes im Sinn hatten.

Die ersten Europäer, die das Land betraten, waren Wikinger. Ungefähr um 1000 n. Chr. unternahm Leif Eriksson vier Reisen in die Neue Welt und versuchte im Norden Amerikas eine Kolonie zu gründen. Doch dieser Versuch scheiterte am Widerstand der einheimischen Bevölkerung.

In Europa bekannt wurde Amerika erst, als Christóbal de Colón, Kolumbus, 1492 auf der Suche nach dem Seeweg nach Indien in Mittelamerika landete. Er hatte das spanische Königspaar Ferdinand II. und Isabella überzeugt, seine Unternehmung zu finanzieren. Obwohl es bis dahin viele Gerüchte über den »Ozean der Dunkelheit« gab, in dem das Wasser kochte und Seeungeheuer Schiffe versenkten, kam Kolumbus aufgrund eigener Studien zu dem Schluss, dass er dort das unermesslich reiche Land des Großkhan finden würde. Kolumbus hatte sich um Tausende von Meilen verrechnet. Das erste Land, das er sah, waren die heutigen Bahamas. Weil er glaubte, er sei in Indien, nannte er die dort lebenden Menschen »Indianer«. Dieser Name blieb und wurde der Begriff für alle dort lebenden Völker.

Seine Entdeckung öffnete vielen europäischen Abenteurern die Tore. Ein Jahrhundert lang kamen Franzosen, Engländer, Spanier und andere in die Neue Welt. Sie alle zogen durch Sümpfe und Wälder, nahmen Landvermessungen vor und erklärten große Gebiete zu Territorien ihrer europäischen Herrscherhäuser. Manche Siedlungen wurden gegründet und verschwanden wieder. Die erste dauerhafte englische Siedlung wurde 1607 in Jamestown gegründet, im heutigen Virginia.

Die bedeutendste Siedlergruppe traf ab 1620 ein: die Pilger. Sie hatten langfristig den größten Einfluss auf die Gestaltung amerikanischer Werte. Hintergrund war, dass 1603 James IV von Schottland als James I den englischen Thron bestieg. Er erklärte religiöse Abweichler von der Staatskirche zu Staatsfeinden, die mit dem Tod bedroht wurden.

50 Jahre zuvor hatten sich reformatorisch Gesinnte zusammengeschlossen, um die englische Kirche von zu viel Prunk, Zeremonien und Korruption zu »reinigen« (to purify). Sie nannten sich selbst »Puritaner«. Eine Gruppe von ihnen spaltete sich von der englischen Staatskirche ab und gründete eine eigene. Sie nannten sich »Separatisten«. Viele Puritaner konnten 1609 nach Holland fliehen. Die Niederländer waren tolerant und ließen die Puritaner ungestört ihre Religion ausüben. Doch ihre soziale Situation war schwierig, denn sie bekamen nur schlecht bezahlte Arbeiten und viele der jüngeren Generation heirateten in die niederländische Bevölkerung ein. So bestiegen im September 1620 102 Menschen die Mayflower, ein gechartertes Schiff, welches sie nach Amerika bringen sollte. Nur die Hälfte der Passagiere bestand aus religiösen Separatisten, die anderen waren Wirtschaftsflüchtlinge. Sie wurden fortan als »die Heiligen und die Fremden« (the Saints and the Strangers) bezeichnet. Die Mayflower verfehlte ihr Ziel Virginia um etwa 300 Meilen und landete in der Gegend des heutigen Plymouth, Massachusetts. Dort gründeten einige der Neuankömmlinge die Siedlung »Plimoth Plantation«. Die ersten Monate waren hart: von 17 Männern starben 10 an Infektionen, von 17 Frauen überlebten 14 nicht. Dennoch konnte der Rest mit Hilfe freundlicher Indianer überleben.

Die Pilgerväter wurden Ikonen der amerikanischen Geschichte – von manchen vergöttert, von anderen massiv kritisiert als Inbegriff all dessen, was Amerika konservativ erscheinen lässt. Unbestritten ist, dass ihre Überzeugungen und Werte Amerikaner zu dem formten, was Amerikaner ausmacht. Entsprechend werden wir häufiger auf diese religiös motivierten Einwanderergruppen zu sprechen kommen.

Nach diesem kleinen historischen Exkurs ahnen Sie es vermutlich, verehrte Leserinnen und Leser, wir müssen Ihnen eine Warnung mit auf den Weg gegeben, wenn Sie nun das Buch durcharbeiten: Obwohl die amerikanische Gesellschaft von einer Vielzahl ethnischer Subgruppen geprägt ist, die mitunter wenig Berührungspunkte miteinander haben oder kaum Assimilationsbestrebungen zeigen, und obwohl daher eine Menge an Werten, Einstellungen und Lebensformen existieren, werden in diesem Buch die Kulturstandards des so genannten Mainstreams geschildert: nämlich die der »WASPs« (White Anglo-Saxon Protestants). Die Gruppe der WASPs gestaltete das Land im Lauf der Geschichte der USA so nachhaltig, dass sie das Fundament für die bis heute gültigen amerikanischen kulturellen Werte gelegt hat. Ihr kulturelles Orientierungssystem ist das der zahlenmäßig immer noch größten Bevölkerungsgruppe und hat viele andere Gruppen von Einwanderern fasziniert, geprägt und integriert. Wir werden daher oft auf diese Werthaltungen zu sprechen kommen, wenn wir erläutern, weshalb sich welche Kulturstandards entwickelten. Denn das Einmalige der USA besteht gerade darin, dass sich hier bereits seit den ersten Koloniegründungen (religiöses) Sendungsbewusstsein, ökonomische Aktivitäten, politische Expansion und der Gemeinschaftsgeist freier Individuen auf das Engste miteinander verbinden.

Emily J. Slate
Sylvia Schroll-Machl

■ Einführung in das Training

■ Zielsetzung und theoretischer Hintergrund

Kultur, das wird immer wieder erfahren, beeinflusst und prägt das Denken, Fühlen und Handeln der Menschen. Ein Arbeits- und Führungsstil, wie er in Deutschland selbstverständlich ist, erweist sich in den USA mitunter als unangemessen und kontraproduktiv. Die Art und Weise, wie dort Lösungen für Probleme gesucht werden, unterscheidet sich häufig erheblich von den in Deutschland üblichen Methoden.

Kultur offenbart sich als ein spezifisches System von Werten, Normen, Regeln und Einstellungen, das das Verhalten der Mitglieder einer Gruppe, Organisation, Gesellschaft oder Nation nachhaltig beeinflusst. Jede Kultur bietet ihren Mitgliedern eine Reihe von Möglichkeiten, das individuelle und gemeinsame Handeln zu gestalten und die soziale Umwelt wahrzunehmen. Kultur setzt jedoch auch Grenzen und bestimmt damit die Maßstäbe für die Bewertung des Verhaltens der Mitmenschen. Was als richtig, effizient, klug, als normal, selbstverständlich oder denkbar angesehen wird, ist nicht abhängig von einer universellen Vernunft, sondern von der landesspezifischen Kultur. Innerhalb einer Kultur herrscht Einverständnis über die Art und Weise der optimalen Regulierung zwischenmenschlichen und gesellschaftlichen Handelns (Thomas 1996).

Verstehen wir Kulturstandards als Beschreibungsparameter einer Kultur, so lässt sich Kultur als ein Orientierungssystem auffassen, in dem wir uns mit Hilfe dieser Kulturstandards zurechtfinden. Kulturstandards leiten das Denken, Wahrnehmen, Urteilen und Handeln der Mitglieder einer Kultur in weiten Bereichen. Sie sind in der Geschichte eines Volkes verwurzelt und untereinander vielfältig verknüpft. Kulturstandards haben sich also nicht zufällig entwickelt, sondern sind das Resultat einer langen Auseinandersetzung der Menschen mit wechselvollen sozialen, politischen und ökonomischen Umwelten. Sie sind adaptive Antworten einer Gesellschaft, Nation oder Gruppe auf bestimmte Notwendigkeiten. Sie sind einerseits permanent einem (langsamen) kulturellen Wandel unterworfen und andererseits Ergebnisse besonders prägender Epochen. Sie stellen eine sinnvolle, aktive Verarbeitung der Anforderungen an die Organisation des menschlichen Lebens unter einschneidenden geschichtlichen Bedingungen dar. Über alle Veränderungen hinweg erhalten Kulturstandards eine Kontinuität, sie stellen die Folie dar, auf der Änderungen und Neuerungen abgetragen werden (Thomas 1996). So wirken brisante politische und ökonomische Veränderungen auf Kulturstandards ein und verändern diese auch langfristig. Sie wirken jedoch nicht unvermittelt auf das Handeln der Menschen, sondern auf dem Hintergrund der tradierten Kulturstandards. Nur allmählich werden die veränderten Handlungsbedingungen zu Veränderungen der Kulturstandards führen, denn aus den geänderten Lebensbedingungen müssen erst wieder Regeln erwachsen oder alte Regeln so verändert werden, so dass deren Bedeutung von allen Mitgliedern der Kultur gutgeheißen und mitgetragen wird. Der Rhythmus des Entstehens und Vergehens von Kulturstandards bemisst sich dabei mindestens in Generationen, wenn nicht gar in Jahrhunderten. Kulturstandards sind demnach kein starrer, festgeschriebener Regelkanon. Es sind Selbstverständlichkeiten, Leitlinien gesellschaftlichen und sozialen Handelns, die im Laufe der Sozialisation des Individuums in die Gesellschaft hinein erlernt werden. Eltern, Großeltern, Kindergarten, Schule, Universität, Beruf sind beispielsweise gesellschaftliche und damit kulturell geprägte Institutionen, die kulturelle Werte, Normen, Einstellungen und Bedeutungen – also eben Kulturstandards – vermitteln. Diese Institutionen sind gegenüber kurzfristigen Veränderungen in gesellschaftlichen Teilbereichen relativ unempfindlich, weshalb sich Kulturstandards weit langsamer als sozioökonomische Rahmenbedingungen verändern.

Wie stark und auf welche Weise das eigene Verhalten durch Kulturstandards geprägt ist, wird oft erst im Kontakt mit Fremden deutlich. In der Zusammenarbeit und Auseinandersetzung mit ihnen wird die Selbstverständlichkeit bestimmter Handlungsroutinen und Einstellungen immer wieder in Frage gestellt. Andere Völker haben aufgrund ihrer Geschichte und ökonomischen, sozialen und politischen Lebenswelten eigene, sehr spezifische Kulturstandards ausgebildet, die von den Mitgliedern dieser Kultur ebenfalls für natürlich und selbstverständlich erachtet werden. Beim Aufeinandertreffen von Individuen zweier Kulturen begegnen sich also nicht nur zwei Menschen mit verschiedenen Sprachen, Zielen, Normen und Werten, sondern auch verschiedene kulturelle Orientierungssysteme, die Art und Weise des Handelns ebenso mitbestimmen wie aktuelle Ereignisse und Bedingungen.

Da Kulturstandards weite Bereiche des Denkens, Wahrnehmens und Handelns regulieren, reicht der oft empfundene und tatsächliche Orientierungsverlust über die berufliche Sphäre hinaus auch in die persönlichen Gepflogenheiten hinein. Der bisher sozial und fachlich kompetente Vorgesetzte erlebt plötzlich Unzulänglichkeiten in Bereichen seiner Mitarbeiterführung, die er noch nicht einmal potenziell als problematisch wahrgenommen hat. Eine Menge der ihm vertrauten Verhaltensweisen werden missverstanden oder führen zu unerwarteten Reaktionen. Selbst Bemühungen, dies zu ändern, scheitern immer wieder auf unverständliche Weise.

Erst ein Verständnis für die Bedeutung und Sinnhaftigkeit der beobachteten fremdkulturellen Verhaltensweisen führt in einem Prozess interkulturellen Lernens aus dieser Krise heraus. Wenn begreiflich und nachvollziehbar wird, warum welches Verhalten wann gezeigt wird, kehren Orientierung und Handlungssicherheit zurück. In diesem Lernprozess kommt Kulturstandards eine Schlüsselrolle zu. Sie vermitteln ein tieferes Verständnis für die Bedeutung und Sinnhaftigkeit bestimmter, in verschiedenen Situationen zu beobachtender Verhaltensweisen.

Damit beschränkt sich interkulturelles Lernen nicht auf das Imitieren kulturadäquater Verhaltensmuster. Vielmehr eröffnen sich variable Handlungsmöglichkeiten, die auf der Basis des Verständnisses der kulturellen »Regeln« eigenständig konstruiert werden können und die Sicherheit geben, dass Handlungspläne für den fremdkulturellen Partner nachvollziehbar sind. Interkulturelle Kompetenz erschöpft sich nicht in Anpassungsfähigkeit an fremdkulturelle Denk- und Handlungsmuster, sondern meint die Fähigkeit zum partnerschaftlichen Dialog. Voraussetzung dafür ist jedoch, dass die Denkgewohnheiten, Selbstverständlichkeiten und Empfindlichkeiten des Partners erkannt und respektiert werden. Unter diesen Voraussetzungen kann nach und nach eine gemeinsame Verständigungsbasis aufgebaut werden, die sich zwischen beiden Kulturen bewegt, die Vorteile aus beiden Kulturen nutzbar machen kann und synergetisch wirkt.

Das Erlernen von Kulturstandards beginnt sinnvollerweise schon vor der Reise in die USA oder vor dem Eintritt in ein US-Unternehmen, damit nichts schief läuft. Denn das Wissen über Kulturstandards hilft, Situationen systematisch zu analysieren und zu verstehen, um dann adäquat reagieren zu können. Die in diesem Trainingsprogramm dargestellten Kulturstandards sind jeweils an eine Reihe konkreter Beschreibungen von Situationen geknüpft, in denen Deutsche und US-Amerikanern aufeinander treffen. So bietet das Trainingsmaterial ein praxisnahes Lernumfeld, wobei Schritt für Schritt US-spezifische Problemfelder kennen gelernt und konkrete Lösungsmöglichkeiten sowie abstrakte, allgemein gültige Erläuterungen der Verhaltensweisen im Sinne von Kulturstandards dargestellt werden.

■ Relativierungen

Um das Kulturstandardkonzept, dem wir in diesem Buch folgen, adäquat anzuwenden, sind uns folgende relativierende Hinweise wichtig:

– Es ist bei jeder Art humanwissenschaftlicher Forschung unumgänglich, dass die Ergebnisse auf Wahrscheinlichkeiten beruhen. Eine Aussage ist ein generalisiertes, empirisch gewonnenes Ergebnis, das lediglich Tendenzen beschreibt. Insofern wird es Personen geben, die genauso sind, wie wir sie beschreiben, und andere, die so nicht charakterisiert werden können. Das liegt an der Fülle von Einflüssen auf das Verhalten: Denn

Kultur ist keinesfalls die einzige Determinante, manchmal ist die Persönlichkeit der Handelnden bestimmender, manchmal die Einflüsse der jeweiligen Situation (z. B. die Bedingungen des Kontakts, die Zugehörigkeit zu Subgruppen, die Zielvorstellungen und Interessen der Beteiligten, die Machtverhältnisse, der Status der beteiligten Gruppen und Individuen, die Unternehmenskultur). Dennoch sind die Aussagen auf einem generalisierten, kollektiven Niveau stimmig.

– Ergebnisse der Kulturstandardforschung sind handlungsfeldspezifisch und das heißt hier: (1) Sie wurden gewonnen in der konkreten, alltäglichen, *beruflichen* Zusammenarbeit von Deutschen und US-Amerikanern. Sie sollen aufzeigen, an welchen Stellen in der transatlantischen Kooperation von Fach- und Führungskräften häufig mit Kulturunterschieden zu rechnen ist und in welcher Richtung diese Unterschiede im Vergleich zu Deutschland liegen. Bereiche wie die US-amerikanische Politik oder der Tourismus in den USA sind demzufolge nicht Gegenstand dieses Buches. (2) Wir beschränken uns auf die Ebene, auf der unsere Informanten *handeln*, ohne der Frage nachzugehen, inwiefern die von ihnen vorgefundenen Rahmenbedingungen ihrerseits kulturtypisch sind: Herrscht in den USA eine so ausgeprägte Leistungsorientierung, weil das Arbeitsrecht keinen Kündigungsschutz, keine Lohnfortzahlung im Krankheitsfall, keine drei Säulen der Sozialversicherung gewährt, oder lässt eine leistungsorientierte Kultur die Vorstellung und das Erstreben solcher Arbeits- und Lebensbedingungen gar nicht aufkommen? Ist das Geschworenensystem im amerikanischen Rechtswesen Ausdruck von Demokratie und Gleichheit, oder verleitet es nicht geradezu zu absurd anmutenden Prozessen um Schadensersatzansprüche? Ist die Kurzfristigkeit amerikanischen Planens weithin mit dem Aktienrecht erklärbar, oder haben nicht gerade Amerikaner solche Regeln des kapitalistischen Wirtschaftens maßgeblich mit gestaltet? Selbst wenn eine derartige Analyse in Anbetracht der vielgestaltigen Vorreiterrolle der USA interessant wäre, weil wesentliche Ideen amerikanischer Herkunft weltweit Bedeutung und Einfluss haben, erörtern wir sie so wenig wie Geschäftsstrategien des Top-Managements großer amerikanischer Konzerne.

– Weil Verhalten Regeln folgt, ist bei jeder Beispielgeschichte von Motiven die Rede, die Amerikaner so und nicht anders haben handeln lassen. Ziel ist es, die Gründe und Absichten offen zu legen, die oft hinter dem jeweiligen Verhalten stehen und es steuern. Diese Motive wurden erfragt. Und weil sie sich deutlich auf Werthaltungen beziehen, kann sich da und dort ein positiver Verzerrungseffekt eingeschlichen haben: Die Kulturstandards wären dann etwas schöngefärbt und enthielten auch projektive Anteile, wie die (amerikanischen) Auskunftspersonen ihre Kultur wahrnehmen *wollen*. Dennoch wird das Wertesystem beschrieben, wie es als Normsetzung in der amerikanischen Kultur vorhanden ist, wie es gelehrt und als ideal weitergegeben wird und – das ist in unserem Zusammenhang wichtig – wie es anderen, die mit Amerikanern zu tun haben und sich auf sie einstellen wollen oder müssen, abverlangt wird.

– Zu sagen, dass Typisierungen zu leicht ins Negative abgleiten und fast automatisch feindselige oder glorifizierende Haltungen provozieren, weshalb sie tunlichst zu vermeiden sind, ist gut gemeint, aber naiv. Es stimmt, dass Kulturstandards kategoriale Bestimmungen sind und deshalb die Funktion von Stereotypen erfüllen. Sie unterscheiden sich aber von Vorurteilen, weil sie nicht vereinfachte, unreflektierte Bemerkungen, Meinungen und Einstellungen wiedergeben, sondern aus der systematischen Analyse realer und alltäglich erlebter Handlungssituationen heraus konstruiert werden. Typisierungen sind überall in der menschlichen Wahrnehmung und Informationsverarbeitung ein wichtiges Instrument der Erkenntnis und der Orientierung, um die Aufnahme und Verarbeitung vielschichtiger Lerninhalte überhaupt zu ermöglichen. Dieser Vorgang findet permanent und in allen Zusammenhängen statt, führt zwangsläufig zu einer Reduktion der Komplexität und zu Verzerrungen, ermöglicht aber erst die Orientierung in neuen Situationen. Entscheidend bleibt, wie bewusst dieser Vorgang vollzogen wird, wie realitätsnah die Stereotype konstruiert sind und wie offen sie gegenüber weiteren Differenzierungen bleiben. Wir können also nicht genug betonen, dass Verallgemeinerungen über »die Amerikaner« Aussagen über vorherrschende Tendenzen sind, aber keine Aussagen über die Einstellungen und Verhaltensweisen Einzelner.

– Kulturstandards sind demzufolge »Denkwerkzeuge« zur Selbst- und Fremdreflexion in interkulturellen Lernprozessen. Sie müssen einer weiteren Differenzierung immer offen stehen, um einer Person als Individuum und nicht ausschließlich als Kulturträger wirklich gerecht werden zu können. Sie sind eher aufzufassen als »begründete Fragen«, die eine Person an eine interkulturelle Begegnungssituation stellen kann, um sie in ihrer Komplexität angemessen einschätzen und angemessen handeln zu können. Dieses Gerüst muss durch eigene Erfahrungen und Gespräche mit Angehörigen der anderen Kultur differenziert und erweitert werden. Wer glaubt, mit den vorgestellten Kulturstandards die amerikanische Kultur im Sinne von »abschließenden Antworten« endgültig verstanden zu haben, wird an der Vielfalt und Komplexität im interkulturellen Alltag scheitern. Interkulturelles Lernen ist ein fortdauernder, nicht abzuschließender Prozess.

◼ Aufbau und Ablauf des Trainings

Die *erste Stufe* dieses Lernprozesses ist die Konfrontation mit andersartigen, unerwarteten Verhaltens- und Reaktionsweisen. In einer kurzen Situationsschilderung wird eine Interaktion zwischen einem US-amerikanischen und einem deutschen Partner vorgestellt. Die Leserin/der Leser wird unvorbereitet mit einer amerikanischen Verhaltensweise konfrontiert und aufgefordert, eigene Erklärungen dafür zu finden. Dabei wird natürlich das eigenkulturelle Orientierungssystem genutzt. In Ermangelung vorhandener amerikanischer Erklärungsmuster werden also deutsche herangezogen. Dadurch werden die *eigenkulturellen Erklärungs- und Deutungsmuster* bewusst und können mit amerikanischen Kulturstandards kontrastiert werden. So kann sich der Lernende für die Art und Weise *sensibilisieren*, wie Kultur sein eigenes, als individuell und autonom empfundenes Handeln beeinflusst. Die Kenntnis eigenkultureller Standards und die Erfahrung im Umgang mit ihnen sind wichtige Voraussetzungen für die flexible und kreative Anwendung der zu erlernenden amerikanischen Kulturstandards, die, ebenso wie deutsche, Spielräume für die Ausgestaltung persönlichen und situationsspezifischen Verhaltens gewähren.

In der *zweiten Stufe* des Lernprozesses werden der Leserin/dem Leser vier alternative Deutungen zu der jeweils geschilderten Interaktionssituation angeboten. Diese sind in unterschiedlichem Maße kulturangemessen, das heißt, die zugrunde liegenden Deutungsmuster entstammen entweder eher der amerikanischen oder eher der deutschen Kultur und erklären so das Verhalten unterschiedlich angemessen. Erst das Wissen über die Gründe, Ursachen und Ziele einer Handlung schafft die Voraussetzung für eine angemessene Reaktion. Um dieses Wissen zu erwerben, soll mit diesem Trainingsprogramm geübt werden, eine Reihe von Alternativen zu erwägen, statt Entscheidungen vorschnell zu fällen.

Die Aufgabe der Leserin/des Lesers besteht darin, sich durch die Beurteilung der Antwortalternativen die sich daraus ergebenden Konsequenzen zu vergegenwärtigen und so die Abhängigkeit des Handelns von kulturellen Deutungsmustern zu erkennen. Es ist daher nicht Ziel dieses Trainingsabschnitts, nur die kulturadäquateste Deutung zu entdecken und sich diese einzuprägen. Die Angemessenheit einer Reaktion oder Handlung in der interkulturellen Begegnungssituation ist immer auch abhängig von den Handlungszielen der Beteiligten. Mitunter ist die maximale Anpassung an kulturtypische Verhaltensweisen weder das Ziel des amerikanischen noch des deutschen Partners. Entscheidend ist vielmehr die Fähigkeit, Verhalten unter Berücksichtigung von Beweggründen, Zielen, Sinn und formalen Verlaufsbedingungen *kulturangemessen zu deuten*.

Auf der *dritten Stufe* des Lernprozesses werden die hinter den gegebenen Antwortalternativen verborgenen Deutungsmuster, die kulturtypischen Attributionen oder Bedeutungen erklärt. Es wird für jede Antwortalternative ausgeführt, bis zu welchem Grad oder unter welchen Umständen diese kulturangemessen ist oder nicht. Die Leserin/der Leser erhält an dieser Stelle also konkrete Informationen über die *kulturellen Hintergründe* und Ursachen des in der jeweiligen Beispielsituation geschilderten amerikanischen Verhaltens. Das in der Beispielsituation als Einzelfall

18

dargestellte Verhalten wird auf ein allgemein gültigeres Niveau gehoben, um das Typische deutlich und verständlich zu machen.

Auf der *vierten Stufe* des Lernprozesses wird der Leser bei etlichen Situationen angeregt, sein inzwischen erworbenes Wissen gedanklich auszuprobieren. Dazu soll eine eigene *Handlungsstrategie* entwickelt werden, mit der die geschilderte konflikthafte Interaktion vermieden oder gelöst werden kann. Das Trainingsmaterial unterstützt den Prozess der Lösungssuche, indem es eine detaillierte Interaktionsanalyse des Geschehens anbietet und daraus einige Schlüsse für Lösungsstrategien ableitet. Diese Lösungsstrategien sind absichtlich fragmentarische Anregungen, keine Rezepte. Flexible, nicht starre Reaktionen und Lösungen sind gefordert. Denn schlussendlich muss die Lösung mindestens drei Anforderungen gerecht werden: sie muss zu den beteiligten Personen passen (individuelle Ebene), sie muss der konkreten Situation mit ihren spezifischen Elementen und Rahmenbedingungen gerecht werden (situative Ebene), und sie muss kulturadäquat sein. Jedes interkulturelle Problem hat also mehrere mögliche Lösungen. Verschiedene Alternativen auszuloten, erhöht die Erfolgschance für ein gutes Gelingen.

Schließlich wiederholt sich die eben dargestellte Abfolge, wodurch ein und dieselbe kulturelle Thematik in verschiedenen Kontexten dargestellt wird. Durch die Präsentation des allen Situationen gemeinsamen *Kulturstandards* in *multiplen Zusammenhängen* werden diese als vielseitige und *flexible Erklärungskonstrukte* erfahrbar. So kann der Umgang mit ihnen eingeübt werden. Im Verlauf des Trainings entsteht so Verhaltenssicherheit und die Fähigkeit, das Wissen auf neue, unbekannte Situationen zu transferieren und anzuwenden.

Zum Abschluss eines Themenbereichs wird zusammenfassend der Kulturstandard dargestellt, wobei auch auf die *kulturhistorische Verankerung* eingegangen wird. Eine umfassende Beschreibung des Kulturstandards ergibt sich jedoch erst aus der Zusammenschau dieser mit den in den vorgeschalteten Situationsschilderungen und ihren nachfolgenden Erläuterungen enthaltenen kulturtypischen Merkmalen. Kulturstandards als Regeln oder starre Muster auszuformulieren hieße, ihrem wirklichen Status zuwiderzuhandeln. Kulturstandards »leben« im

Handeln der Menschen und können nur durch dieses begreiflich werden.

Die Erläuterung des Kulturstandards steht jeweils am Ende eines Themenbereichs, um die Leserin/den Leser in der Suche nach Verständnis selbst aktiv werden zu lassen, eigenen Spürsinn zu entwickeln und sich die entsprechenden deutschen Kulturstandards bewusst zu machen.

Die eigentliche Arbeit im Prozess des interkulturellen Lernens geschieht aber erst in der Kooperation mit US-Amerikanern. Das Training soll die dazu erforderliche Ausrüstung bereitstellen. Es ist so aufgebaut, dass optimale Lernstrategien zur Bewältigung der kommenden Aufgaben im Beruf und im Alltag verfügbar sind.

■ Hinweise für das Verständnis und die Bearbeitung des Trainingsmaterials

In der schriftlichen Form ist das Trainingsmaterial als Mittel zum Selbststudium gedacht. Sie können sich anhand der Texte auf die amerikanische Kultur und den Umgang mit ihr vorbereiten. Sie sollten so in der Lage sein, das Verhalten Ihrer amerikanischen Partner besser zu verstehen.

Ein solches Buch ersetzt aber kein auf die USA bezogenes Gruppentraining. Wesentliches Merkmal interkulturellen Lernens ist das Er- und Umlernen sozialer Fähigkeiten. Dies geschieht am effektivsten in der Gruppe in Form von Übungen und in der konkreten Auseinandersetzung mit anderen Personen. Wie vielschichtig manche Situationen sind, wird einem oft erst klar, wenn man mit anderen Personen darüber spricht und deren Meinung erfährt. Ein Gruppentraining ist auch der geeignete Weg, mehr über die eigenen kulturellen Selbstverständlichkeiten, das deutsche kulturspezifische Orientierungssystem, zu erfahren. Wer kein vorbereitendes Gruppentraining verfügbar hat, kann zusammen mit Freunden und Bekannten das vorliegende Trainingsmaterial bearbeiten und diskutieren, um die Sinne für das Fremde, aber auch das Eigene zu schärfen. Darüber hinaus kann das hier vorgelegte Material als zentraler, verhaltensorientierter

Trainingsbaustein in landeskundlichen und fachspezifischen Orientierungsseminaren eingesetzt werden.

Durch die Fokussierung auf konflikthafte Interaktionen kann beim Leser der Eindruck entstehen, die Vereinigten Staaten seien ein äußerst problematisches Land. Vor dieser Schlussfolgerung soll hier ausdrücklich gewarnt werden. Interkulturelles Lernen ist ein schwieriger Prozess, egal auf welche Kultur Sie sich vorbereiten. Ein Lernmedium wie dieses kann jedoch unmöglich alles Wissenswerte über ein Land, seine Menschen und Kultur vermitteln; es ist gezwungen zu vereinfachen und sich auf einzelne Bereiche zu konzentrieren. Deshalb stehen die problematischen Seiten im Vordergrund, die schönen sollten Sie selbst entdecken. Es soll an dieser Stelle noch einmal betont werden, dass dieses Trainingsmaterial *kein* Kompendium amerikanischer Verhaltensweisen darstellt. Vielmehr geht es darum zu sensibilisieren und Verständnis, Respekt und Wertschätzung für die andere Kultur zu wecken.

Nehmen Sie sich Zeit für die Bearbeitung des Materials. Versuchen Sie nicht, alles auf einmal zu bearbeiten. Lassen Sie Gelerntes setzen, wälzen Sie es noch einmal in Gedanken um und versuchen Sie, dem Neuen, Unbekannten seinen Reiz zu entlocken, das Positive am vordergründig schwierig Erscheinenden zu entdecken. Wer gelernt hat, mit Verhaltensunterschieden kulturadäquat umzugehen, der weiß, wie sich kulturbedingte Missverständnisse erklären lassen; wer Fremdartiges nicht als Bedrohung und Belastung erfährt und ihm deshalb nicht mit Ablehnung und Abwehr begegnen muss, sondern ihm Neugier und Wertschätzung entgegenbringt, der bricht mit mehr Sicherheit, Mut und freudiger Gespanntheit in einen neuen Kulturkreis auf.

Dazu wünschen wir viel Erfolg!

■ Themenbereich 1:
Gleichheitsdenken

■ Beispiel 1: Qualitätsprobleme

■ Situation

Herr Beineke wird aus der Unternehmenszentrale in München nach South Carolina versetzt. Dort befindet sich ein Werk, in dem Chipkarten gefertigt werden. Herr Beineke ist in der Unternehmenszentrale für die Qualitätssicherung in diesem Werk zuständig. Er hat schon vorher intensiven Kontakt mit vielen Mitarbeitern an diesem Standort und kennt sich daher dort sehr gut aus. Auch nach seiner Versetzung soll er für die Qualitätssicherung zuständig sein.

Herr Beineke kommt voller Elan an seinem neuen Arbeitsplatz in South Carolina an. Sein amerikanischer Vorgesetzter, Mr. Jackson, stellt ihn den Kolleginnen und Kollegen vor. Mr. Jackson umreißt die aktuelle Geschäftssituation und die Probleme im Qualitätsbereich und versichert Herrn Beineke, dass er sich freut, einen solchen Spezialisten im Team zu haben. Er ermutigt Herrn Beineke, erst einige Tage die Vorgänge im Werk zu beobachten und dann die notwendigen Verbesserungen einzuführen. Er verabschiedet sich mit dem Hinweis: »You might want to speak to Jane McAvoy before you make any decisions.«

Die bestehenden Qualitätsprobleme sind darauf zurückzuführen, dass Schmutzpartikel die Chips beschädigen. Und im Laufe seiner Beobachtungen stellt Herr Beineke einige mögliche Ursachen fest. Er versucht daraufhin, Ms. McAvoy zu erreichen, findet sie jedoch nicht. Er beginnt also mit seiner Arbeit und leitet einige Dinge ein. Herr Beineke ordnet an, dass auch Mitarbeiter, die nicht im Reinraum arbeiten, Handschuhe und Schutzhauben tragen sollen. Außerdem hält er es für angebracht, eine weitere optische Kontrolle einzuführen, um Schmutzreste auf Bändern oder Scheiben erkennen zu können. Weiterhin sollen nicht nur Kopf- und Fußbedeckung, sondern auch der Kittel nach jedem Verlassen und Wiedereintreten in den Reinraum gewechselt werden.

Als Mr. Jackson von Herrn Beinekes Aktivitäten erfährt, fragt er vorwurfsvoll:»Why didn't you speak with Jane McAvoy before you began to do all this?« Herr Beineke ist sehr verblüfft, denn Mr. Jackson scheint geradezu verärgert zu sein. Dabei hat es sich doch schon herausgestellt, dass die neuen Maßnahmen tatsächlich zu einer Verminderung der Schmutzpartikel geführt haben.

Wie erklärt sich Mr. Jacksons Verhalten?

– Lesen Sie nun die Antwortalternativen nacheinander durch.
– Bestimmen Sie den Erklärungswert jeder Antwortalternative für die gegebene Situation und kreuzen Sie ihn auf der darunter befindlichen Skala an. Es ist möglich, dass mehrere Antwortalternativen den gleichen Erklärungswert besitzen.

■ Deutungen

a) Die Arbeitsgebiete von Ms. McAvoy und Herrn Beineke überschneiden sich. Einige seiner Vorschläge betreffen auch ihren Bereich. Sie ist sehr verärgert, dass Herr Beineke die Zuständigkeiten nicht eingehalten hat und hat sich wohl bei Mr. Jackson über das unkollegiale Verhalten von Herrn Beineke beschwert.

| sehr | eher | eher nicht | nicht |
| zutreffend | zutreffend | zutreffend | zutreffend |

b) Da Amerikaner sehr kommunikativ sind, ist Mr. Jackson verärgert, dass Herr Beineke seine Aktivitäten Ms. McAvoy nicht mitgeteilt hat.

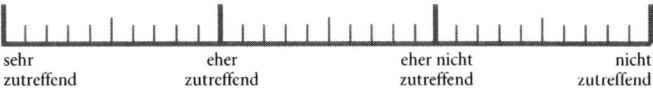

| sehr | eher | eher nicht | nicht |
| zutreffend | zutreffend | zutreffend | zutreffend |

c) Herr Beineke hat Mr. Jacksons Anordnung nicht befolgt. In den USA ist es nicht üblich, Befehle direkt zu formulieren. Aber Formulierungen wie »You might want to ...« sind eine klare Anweisung.

| sehr zutreffend | eher zutreffend | eher nicht zutreffend | nicht zutreffend |

d) Mr. Jackson empfindet das Verhalten von Herrn Beineke als chauvinistisch, da er eine weibliche Kollegin offensichtlich übergeht. Das ist ein deutlicher Verstoß gegen die in den USA übliche Gleichberechtigung von Mann und Frau.

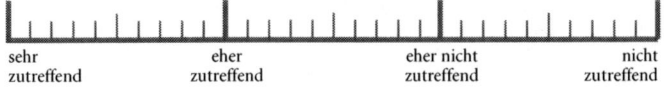

| sehr zutreffend | eher zutreffend | eher nicht zutreffend | nicht zutreffend |

– Versuchen Sie, Ihre Einstufung zu jeder Antwortalternative zu begründen. Halten Sie die Begründung in schriftlicher Form stichpunktartig fest.
– Lesen Sie nun die Erläuterungen zu jeder Antwortalternative durch und vergleichen Sie diese mit Ihren eigenen Begründungen.

■ Bedeutungen

Erläuterung zu a):
Diese Antwort könnte richtig sein und ist in der Tat nahe liegend – warum hätte Mr. Jackson Ms. McAvoy erwähnt, wenn die Entscheidungen von Herrn Beineke sie nicht betreffen würden? Es folgt aber nicht zwangsläufig aus der Erzählung, dass sie sich beschwert hat. Es könnte auch sein, dass sie noch nicht informiert ist.

Erläuterung zu b):
Diese Aussage enthält ein Körnchen Wahrheit. Amerikaner beschweren sich häufiger, dass deutsche Kollegen Informationen »wie Edelsteine horten«. Dahinter steckt ein einfaches Prinzip: Deutsche und Amerikaner haben unterschiedliche Richtlinien,

wem sie welche Informationen weitergeben. Ein Deutscher über-
legt sich, was sein Gesprächspartner wissen muss und gibt dieses
Wissen dann weiter. Die Weitergabe der Auskunft ist gezielt, um
den Empfänger nicht unnötig zu überlasten; dafür werden »rele-
vante« Informationen in ausführlichen Details weitergegeben. Unter Amerikanern dagegen gilt es als Anmaßung, für jemand anderen zu entscheiden, was er wissen soll und was nicht. Daher
werden viele Informationen kurz mitgeteilt. Es obliegt dem Empfänger, aufzugreifen, was er wissen will und um weitere Klärung zu
bitten.

Deutsche kommen oft nicht sofort zurecht mit dieser Infor-
mationspolitik und beschweren sich über die unzählige »FYI«-
Mails (FYI = for your information), die sie von Kollegen erhalten.
Warum werden sie mit soviel »unnötigem Zeug« bombardiert?
Amerikaner kommen ihrerseits mit der deutschen Informations-
politik auch nicht zurecht. Sie hegen den Verdacht, dass die Deutschen ein Wissen-ist-Macht-Spiel betreiben.

Erläuterung zu c):
Ja, so ist. Und das gilt nicht nur für die USA, sondern für alle
angelsächsischen Ländern. Direkte Anweisungen gibt es nur bei
einem Notfall (z. B. bei einem Brand), in »Männergesellschaften«
(z. B. Militär, Polizei oder Sportteams) oder bei äußerster Verär-
gerung. In diesem Fall ist »You might want to speak to Jane Mc-
Avoy before you make any decisions« eine klare Anweisung angesichts der Tatsache, das die Aussage von einem Vorgesetzten
während der Einweisung eines Mitarbeiters geäußert wurde.

Erläuterung zu d):
Zwar haben Frauen in den USA innerhalb von Firmen zweifellos
bessere Aufstiegsmöglichkeiten als in Deutschland, es gibt aber in
diesem Fall keinen Hinweis darauf, dass der Missmut von Mr.
Jackson damit etwas zu tun hat.

■ Lösungsstrategie

Ähnliche Situationen wie diese sind eine typische Quelle von
Missverständnissen zwischen Deutschen und Amerikanern. Eine

Ursache dafür liegt darin, dass Äußerungen von Amerikanern grundsätzlich positiv gefärbt sind. Auf dieses Merkmal werden wir im Kapitel »Soziale Anerkennung« noch näher eingehen. Eine zweite Ursache ist, und das ist hier relevant, dass sich Amerikaner als eine Gesellschaft von Gleichen definieren. Anweisungen sollen nicht wie Befehle klingen, sondern wie Einladungen, Ermutigungen, Vorschläge. Aus dem Zusammenhang ist jedoch klar, dass ein solchermaßen geäußerter »Vorschlag« zu befolgen ist, schließlich wird die Äußerung nicht zufällig von einem Chef gemacht. Herr Beineke hätte das wissen müssen. Deutsche, die mit Amerikanern zu tun haben, sollten genau hinhören, was, wie, von wem und in welchem Zusammenhang gesagt wird. Erwähnungen können eine klare Vorgabe sein, höflich klingende Worte massive Kritik enthalten. Wäre sich Herr Beineke dennoch nicht sicher gewesen, was von ihm erwartet wird, hätte er auch rückfragen dürfen. Fragen gelten als Zeichen ehrlichen Bemühens und sind ein Königsweg, interkulturell zu lernen.

▪ Beispiel 2: Der Kongress

▪ Situation

Professor Frisch von der Fakultät für Klinische Psychologie ist gerade von einer Fachtagung aus Washington, D. C. zurückgekommen. Er erzählt seinen Kollegen von diversen Forschungsprojekten, die dort präsentiert wurden, und ergänzt dann: »Es ist natürlich immer anregend, auf solchen Tagungen dabei zu sein. Man erfährt viel Neues, trifft langjährige Kollegen wieder und hat die Möglichkeit, Gedanken auszutauschen. Aber in den USA muss man besonders viel Sitzfleisch haben. Ich war jetzt zum dritten Mal dort zu Kongressen, und es ist immer das Gleiche. Nicht, dass die Konferenzen dort nicht gut organisiert sind – im Gegenteil, obwohl so vieles gleichzeitig passiert, hat es nie Probleme mit Räumlichkeiten oder mit dem Tagesablauf gegeben. Aber was die Leute reden! Ich habe den Eindruck, dass immer viele Studenten dabei sind oder Leute mit Praxen in einer Kleinstadt, die selbst keine Forschung betreiben. Sie alle nehmen sich das Recht, vor der

Gruppe zu reden, egal wann und wo! In jedem Workshop sind solche Leute anwesend, und sie haben keine Hemmungen, ihre Theorien loszulassen oder Fragen zu stellen, deren Antwort eigentlich jeder Psychologe wissen soll. Und das nimmt Zeit in Anspruch! Sogar bei größeren Vorträgen, wo Hunderte prominenter Redner zuhören, nehmen sie an den anschließenden Diskussionen teil. Schrecklich! Um wirklich gehaltvolle Gespräche zu führen, muss man sich mit Fachkollegen zum Essen verabreden – aber sogar dann kann es passieren, dass irgendwelche anderen Leute dazu kommen, die ständig naives Zeug reden.«

Warum ist das so?

– Lesen Sie nun die Antwortalternativen nacheinander durch.
– Bestimmen Sie den Erklärungswert jeder Antwortalternative für die gegebene Situation und kreuzen Sie ihn auf der darunter befindlichen Skala an. Es ist möglich, dass mehrere Antwortalternativen den gleichen Erklärungswert besitzen.

◼ Deutungen

a) In den USA sind Fachtagungen auch als Lehrveranstaltungen für Berufseinsteiger und Studenten gedacht. Deswegen ist es normal, dass relativ unkundiges Publikum anwesend ist und sich aktiv an den Diskussionen beteiligt.

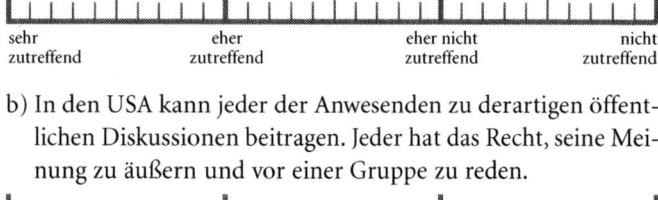

| sehr | eher | eher nicht | nicht |
| zutreffend | zutreffend | zutreffend | zutreffend |

b) In den USA kann jeder der Anwesenden zu derartigen öffentlichen Diskussionen beitragen. Jeder hat das Recht, seine Meinung zu äußern und vor einer Gruppe zu reden.

| sehr | eher | eher nicht | nicht |
| zutreffend | zutreffend | zutreffend | zutreffend |

c) Die Organisationsfähigkeit von Amerikanern beschränkt sich auf praktische Dinge und den Rahmen einer Veranstaltung. Über die Zusammensetzung der Teilnehmer macht sich niemand Gedanken.

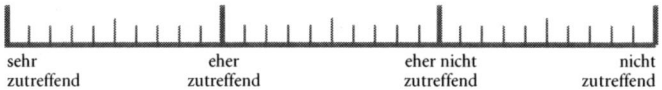

| sehr
zutreffend | eher
zutreffend | eher nicht
zutreffend | nicht
zutreffend |

d) In den USA gehen sehr viele Menschen zu Psychologen. Daher gibt es nicht nur viele qualifizierte, sondern auch viele unqualifizierte Vertreter in diesem Beruf.

| sehr
zutreffend | eher
zutreffend | eher nicht
zutreffend | nicht
zutreffend |

- Versuchen Sie, Ihre Einstufung zu jeder Antwortalternative zu begründen. Halten Sie die Begründung in schriftlicher Form stichpunktartig fest.
- Lesen Sie nun die Erläuterungen zu jeder Antwortalternative durch und vergleichen Sie diese mit Ihren eigenen Begründungen.

■ Bedeutungen

Erläuterung zu a):
Es ist sehr oft der Fall, dass Studenten einer »graduate school« zu Fachtagungen gehen, um einerseits die Koryphäen in »ihrem« Fach kennen zu lernen und um andererseits berufliche Kontakte für ihre Zukunft zu knüpfen. Da das in Deutschland genauso ist, ist diese Erklärung für das oben beschriebene Verhalten nicht typisch kulturspezifisch.

Erläuterung zu b):
Das ist so. Zum einen haben Amerikaner in der Regel weniger Hemmungen, vor Gruppen zu sprechen. Bereits kleine Kinder werden in der Schule aufgefordert, vor der Klasse zu referieren, und diese Praxis gilt natürlich auch für Universitäten.

Zum anderen haben Amerikaner nicht die Vorstellung, man müsse Experte sein oder eine besondere Idee haben, um vor einer Gruppe zu sprechen. Es ist selbstverständlich, dass jeder, der anwesend ist, partizipieren kann. Es ist sogar die Aufgabe eines Moderators, sich zu merken, wer bisher das Wort ergriffen hat. Wenn jemand zu lange keinen Beitrag zum Gespräch leistet, kann es sein, dass der Moderator ihn ausdrücklich nach seiner Meinung fragt.

Erläuterung zu c):
Die Tatsache, dass so viele Personen mit unterschiedlicher Qualifikation und Kenntnisstand bei den von Professor Frisch gemeinten Vorträgen dabei waren, zeigt, dass die Veranstalter kräftig dafür geworben haben. Es war offensichtlich ihre Absicht, so viele Leute wie möglich dabei zu haben. – Diese Antwort trifft nicht zu.

Erläuterung zu d):
Es ist sicherlich wahr, dass der Beruf eines Psychologen in den USA mehr Ansehen genießt als in Deutschland. Es ist jedoch nicht anzunehmen, dass amerikanische Psychologinnen und Psychologen schlecht ausgebildet sind.

■ Lösungsstrategie

Gleichheit wird in den USA auch dadurch gelebt, dass alle das Recht haben, sich zu Wort zu melden. Und dies ist keinesfalls nur abstrakt als verbürgtes »Versammlungsrecht« oder »Recht auf freie Meinungsäußerung« gedacht, sondern wird im Alltag gelebt: bei Konferenzen, im Erziehungssystem, in der Kommunalpolitik, im Leben vieler kirchlichen Gemeinden, bei diversen sozialen Initiativen. Ein eingefleischter deutscher »Experte« mag dabei manche Äußerung als nicht besonders fachlich kompetent empfinden, vielleicht würde er sich sogar schämen, in Feldern, in denen er kein Fachmann ist, ähnlich »primitive« Fragen zu stellen. Für Amerikaner ist klar: freie und gleiche Bürger leben genau auf diese Weise miteinander, lernen voneinander, ergänzen und unterstützen einander. Ein Armutszeichen ist es nicht, etwas nicht zu wissen, aber sehr wohl, sich dem Lernen zu verschließen. (Macht das, wie hier geschehen, ein Professor, ist das in amerikanischen Augen ein Zeichen großer Arroganz.) Professor Frisch tut gut daran, das beschriebene Verhalten zu akzeptieren. Zusätzlich hat er eine Chance: Auch er kann sich einbringen und Fragen stellen und sich so unter Umständen zu neuen Ideen anregen lassen. Doch dazu ist es erforderlich, dass er eine andere innere Einstellung gewinnt und die amerikanischen Konferenzteilnehmer nicht einfach und vorschnell als »naiv« abkanzelt.

■ Beispiel 3: Die Schaltanlage

■ Situation

Ein großer deutscher Hersteller von Telekommunikationstechnik kann eine Schaltanlage auf dem amerikanischen Markt anbieten, dessen Preis-Leistungs-Verhältnis sehr attraktiv ist. Ein Vertriebsmitarbeiter der amerikanischen Niederlassung hat bereits Kontakt mit einem interessierten Kunden – einem großen Serviceanbietern auf dem US-Markt – aufgenommen. Seine Gespräche laufen viel versprechend an. Da der Kunde einige kleine Änderungen an der Schaltanlage will, schickt die amerikanische Niederlassung ein Team von Entwicklungsingenieuren zum Kunden. Es stellt sich heraus, dass die Änderungen von den Entwicklungsingenieuren gut machbar wären, da sie über Erfahrung hinsichtlich der gewünschten technischen Änderungen verfügen.

Pflichtgemäß meldet der Chef der amerikanischen Entwicklungsabteilung an das Stammhaus in Deutschland, dass er ein Team ernannt hat, um die gewünschten Änderungen in die existierende Schaltanlage zu integrieren. Zu seiner Überraschung bekommt er postwendend die Meldung, dass die Zentrale diese Arbeit für unnötig hält. Der amerikanische Entwicklungsleiter denkt, dass den Kollegen in der deutschen Zentrale nicht klar ist, wie wichtig der potenzielle Käufer als Großkunde sein könnte. Er bittet die Marketingabteilung, einen Bericht über den Kunden zu verfassen und nach Deutschland zu schicken, jedoch ohne Reaktion.

Nun entscheiden die amerikanischen Kollegen in einer Krisensitzung, dass sie ein gemeinsames Treffen mit dem Kunden und Vertretern der deutschen Zentrale arrangieren werden. Sie befürchten nämlich, dass eine weitere Verzögerung den Verlust des Geschäftes bedeuten würde. Die Deutschen finden den Vorschlag sinnvoll und bitten die Amerikaner, einen Termin beim Kunden zu vereinbaren.

Bei diesem Gespräch sind also Vertreter des Kunden, der amerikanischen Niederlassung und der deutschen Zentrale anwesend. Die amerikanische Telefongesellschaft erklärt noch einmal, welche Änderungen sie fordert. Die Deutschen hören geduldig zu und erklären dann, wieso ihre Anlage so konzipiert ist. Sie betonen die Qualität und die Präzision des existierenden Geräts. Sie erklären weiter, dass die bestehenden Funktionen für die Kundenbedürfnisse eigentlich adäquat sind und nennen Beispiele von Telefonserviceanbietern in Deutschland.

Als das Meeting zu Ende ist, bedanken sich die Kundenvertreter und verabschieden sich mit der Äußerung, man würde darüber nachdenken. Die Kollegen der amerikanischen Niederlassung entschuldigen sich, da ihr Flug ginge. Nach einer Woche melden sich die Gesprächsteilnehmer des Stammhauses bei der amerikanischen Niederlassung. Sie erfahren, dass der Kunde entschlossen ist, die Schaltanlage eines anderen Herstellers zu kaufen. Die Deutschen sind bestürzt. Der Kauf schien ihnen eine sichere Sache zu sein. Warum sonst hätten die Amerikaner sogar die Deutschen aus der Zentrale über den Atlantik geholt?

Lag die Einschätzung der amerikanischen Kollegen so falsch? Wieso ist der Verkauf geplatzt?

– Lesen Sie nun die Antwortalternativen nacheinander durch.
– Bestimmen Sie den Erklärungswert jeder Antwortalternative für die gegebene Situation und kreuzen Sie ihn auf der darunter befindlichen Skala an. Es ist möglich, dass mehrere Antwortalternativen den gleichen Erklärungswert besitzen.

◼ Deutungen

a) Die Kollegen der amerikanischen Niederlassung hätten länger bleiben und sich ausführlicher mit dem Kunden befassen sollen. In Amerika ist die individuelle persönliche Betreuung bei einem Kauf sehr wichtig. Mit ihrem schnellen Abgang haben die Amerikaner den Kunden brüskiert.

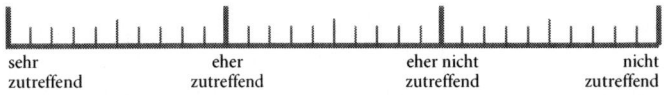

sehr	eher	eher nicht	nicht
zutreffend	zutreffend	zutreffend	zutreffend

b) Der Kunde fühlte sich unter Druck gesetzt, weil gleich eine Delegation aus Deutschland kam. Das war ihnen zu viel und hat sie stutzig gemacht.

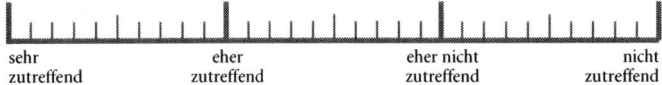

sehr	eher	eher nicht	nicht
zutreffend	zutreffend	zutreffend	zutreffend

c) Der Kunde hat die Anlage nicht gekauft, weil der Anbieter sich nicht bereit gezeigt hat, die nötigen Änderungen vorzunehmen.

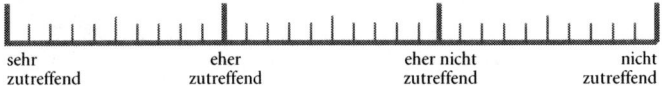

sehr	eher	eher nicht	nicht
zutreffend	zutreffend	zutreffend	zutreffend

d) Die amerikanischen Kollegen waren zu optimistisch und haben die Situation falsch eingeschätzt. Der Verkauf war nicht so wahrscheinlich, wie sie dachten.

sehr	eher	eher nicht	nicht
zutreffend	zutreffend	zutreffend	zutreffend

– Versuchen Sie, Ihre Einstufung zu jeder Antwortalternative zu begründen. Halten Sie die Begründung in schriftlicher Form stichpunktartig fest.
– Lesen Sie nun die Erläuterungen zu jeder Antwortalternative durch und vergleichen Sie diese mit Ihren eigenen Begründungen.

■ **Bedeutungen**

Erläuterung zu a):
Persönliche Betreuung kann ein Geschäft sehr fördern. In diesem Fall jedoch sind die amerikanischen Kollegen so schnell verschwunden, weil sie erkannt haben, dass das Geschäft geplatzt war.

33

Erläuterungen zu b):
So sensibel sind Amerikaner nicht. Ein Interessent für derart große Anlagen denkt zuallererst an sein eigenes Geschäft und nicht daran, ob jemand extra für ihn angereist ist, auch wenn er dies gar nicht verlangt hat.

Erläuterungen zu c):
Genau das ist der Grund. Das Verhalten der Deutschen ist für einen amerikanischen Kunden unbegreiflich. Anstatt auf die Kunden einzugehen, hat der Verkäufer sie belehrt! Auch wenn der Kunde auf die Änderungen hätte verzichten können, wäre dieser Verkauf geplatzt.

Zudem sind Schaltanlagen sehr teuer und verlangen Wartung und sonstigen Service. Die Tatsache, dass die Deutschen schon an diesem Punkt so unflexibel waren, hat den Kunden Böses ahnen lassen: Wie wird das in Zukunft sein, wenn es mit der Anlage Schwierigkeiten gibt? Der Verlauf dieser Besprechung war den Kollegen der amerikanischen Niederlassung sehr peinlich, auch ein Grund, warum sie sich so schnell verabschiedet haben. Schon in jedem einfachen Laden werden Kunden mit der Frage »How can I help you?« begrüßt. Umso mehr hat die Zuvorkommenheit eines Verkäufers zuzunehmen, wenn es um ein so großes Geschäftsvolumen geht.

Erläuterungen zu d):
Amerikaner sind ausgesprochen optimistisch. Eine positive Einstellung wird sehr geschätzt und Amerikaner neigen dazu, dort Chancen zu sehen, wo Deutsche eher (gefahrvolle) Risiken abwägen. So berichten zum Beispiel Ärzte, die in beiden Ländern gearbeitet haben, dass Amerikaner oft zunächst nach dem Wirkungspotenzial eines Medikamentes, Deutsche dagegen nach etwaigen Nebenwirkungen fragen. Nichtsdestotrotz sind Amerikaner im Geschäftsleben sehr nüchtern. In einer Hire-and-Fire-Gesellschaft kann man sich keine Fehleinschätzungen leisten. Da aber Amerikaner überhaupt dazu neigen, sich positiv auszudrücken, weiß ein Verkäufer positive Äußerungen eines Kunden richtig einzustufen: Niemand freut sich über einen Verkauf, bis die Tinte trocken ist.

■ Lösungsstrategie

Diese Situation ist leider eine sehr typische. Auf ähnliche Weise stellen sich Deutsche immer wieder selbst ein Bein. Wie schade, dass dieses Geschäft nicht zustande kam! Klagen Amerikaner über Schwierigkeiten in der Kooperation mit Deutschen, dann nennen sie solche Erfahrungen zusammenfassend »mangelndes Service-Verhalten«. Dahinter verbirgt sich einiges, was für sie hier (und oft) Fakt ist: (1) Es geht um einen Großkunden. Das allein gebietet Flexibilität hinsichtlich dessen Wünschen. Was immer für diesen Kunden entwickelt wird, ist sicher auch für weitere Kunden einsetzbar – nicht zuletzt ist der Großkunde eine erstklassige Referenz. (2) Dass der Kunde seine Wünsche nicht unbegründet äußert, ist anzunehmen. Er braucht gar nicht zu betonen, dass bestimmte Features ohne gewisse Adaptationen bei ihm einfach nicht funktionieren. (3) Wenn Deutsche derart von ihren Produkten überzeugt sind, wirkt dieses Verhalten arrogant und schreckt ab. Deutsche mögen in vielerlei Hinsicht Qualitätsprodukte anbieten, aber das eigene Produkt als das beste und nahezu perfekte hinzustellen und somit den Kunden mit lehrmeisterlichen Erklärungen in eine Schülerrolle zu drängen, beleidigt nachhaltig. (4) Die Deutschen haben die nette Art der amerikanischen Kollegen, ihnen die Wichtigkeit dieses Geschäfts mitzuteilen, schlichtweg nicht verstanden: die Marketingabteilung wurde eingeschaltet. Das ist nicht nur ein Alarmsignal, sondern in dem Bericht wurde zudem das Was, Wozu und Warum erläutert.

Was wäre zu tun? Das Mindeste wäre gewesen, dass die Deutschen vor dem Gespräch mit dem Kunden mit ihren amerikanischen Kollegen die jeweiligen Rollen geklärt hätten: Was können/sollen wir in dieses Gespräch einbringen? Das hätte den Auftritt der Kollegen aus der deutschen Zentrale deutlich abgeschwächt. Sie hätten sich ferner weithin zurückhalten und ihren amerikanischen Kollegen das Handeln überlassen können. So hätte ihre Anwesenheit die Bedeutung des Kunden sogar positiv unterstrichen. Zurückhaltung wäre zudem auch der Königsweg im weiteren Verlauf gewesen: Welche Features müssen dann wirklich und in welcher Version adaptiert werden? Das entscheidet sich in den USA keineswegs alles im Vorfeld, sondern das ist ein wechselseitiger Prozess zwischen Kunde und Lieferant während der Umsetzung der Wünsche und Erfordernisse (vgl. das Kapitel »Easy going«). Die amerikanischen Kollegen kooperieren vor Ort mit dem Kunden, die deutschen Entwickler arbeiten unterstützend in der zweiten Reihe.

In dieser Situation verstießen die Deutschen auf ganzer Breite gegen das Prinzip »Gleichheit«, hier in Form von Service-Verhalten und der Bereitschaft, auf einen Kunden nachhaltig einzugehen. Dass sie das aufgrund ihrer ausgeprägten Technikorientierung bezogen auf das in ihrem Produkt enthaltene Ingenieurswissens taten, entschuldigt ihren Auftritt nicht. Schließlich zählt in den USA neben »Gleichheit« auch »Marktorientierung« zu den hoch geschätzten Werten im Geschäftsleben (vgl. das Kapitel »Handlungsorientierung«).

■ Beispiel 4: Der Abteilungsleiter

■ Situation

Im Rahmen eines internationalen Austauschprogramms steigt der Amerikaner Bob Miller in den Produktionsbetrieb eines großen deutschen Konzerns ein. Er übernimmt die Stelle eines Abteilungsleiters. Bob ist auch in South Carolina Manager in einem großen Werk. Kaum hat er die Stelle angetreten, sich mit seinen deutschen Managementkollegen bekannt gemacht und die Lage etwas sondiert, marschiert er bereits durch die Werkshalle, um sich den Arbeitern vorzustellen und etwas mit ihnen zu plaudern. Er spricht deutsch, so dass die Sprache kein großes Problem darstellt. Doch die Arbeiter sind völlig perplex, wie ihr neuer amerikanischer Vorgesetzter auf sie zukommt. Sie wagen es kaum, mit ihm zu sprechen und beantworten brav seine Fragen. Sie scheinen nicht zu wissen, was sie mit ihm reden sollen.

Die Reaktionen sind vielfältig: Bob hält die Arbeiter für ziemlich wortkarg und eingeschüchtert und nimmt sich vor, öfter mit ihnen zu sprechen, damit sich deren Verhalten ihm gegenüber ändert. Die Arbeiter bleiben etwas erschrocken zurück: Was ist passiert? Haben sie etwas falsch gemacht, wenn ihr neuer Chef kommt? Wem hat er gesagt, was er hier wirklich will? Was ist los? Die Kollegen von Bob halten – quer über alle Hierarchieebenen – sein Verhalten für unangemessen und sagen ihm das auch.

Doch Bob zieht das jetzt durch: Fast täglich ist er in der Werkshalle zu sehen, redet mit allen, weiß ihre Namen und ist – das ist in den Augen der deutschen Werksleitung die Krönung – mit allen per du. Die Arbeiter beginnen Bob zu mögen, ihre Vorsicht und Zurückhaltung weicht, sie wenden sich bei Schwierigkeiten an ihn, die Atmosphäre in der Produktion wird spürbar lockerer – nicht nur gegenüber Bob. Und die Arbeiter geben ihrem Bedauern offen Ausdruck, als er in die USA zurückgeht. Zurück bleibt ein deutsches Management, das geteilter Meinung ist: Einige tun es ihrem amerikanischen Kollegen gleich (bleiben aber beim Sie), manche finden sein Verhalten weiterhin unangemessen.

Warum hat sich Bob Miller so verhalten?

– Lesen Sie nun die Antwortalternativen nacheinander durch.
– Bestimmen Sie den Erklärungswert jeder Antwortalternative für die gegebene Situation und kreuzen Sie ihn auf der darunter befindlichen Skala an. Es ist möglich, dass mehrere Antwortalternativen den gleichen Erklärungswert besitzen.

■ Deutungen

a) Bob ist neu in Deutschland und somit ziemlich einsam. Er will wahrgenommen und gemocht werden, denn vielleicht kann er so neue Freunde gewinnen.

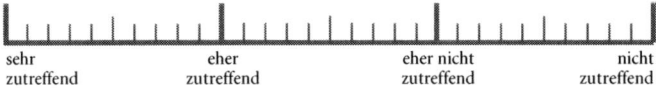

| sehr | eher | eher nicht | nicht |
| zutreffend | zutreffend | zutreffend | zutreffend |

b) Amerikaner gewinnen ihre Freunde in erster Linie in der Arbeit. Weil Bob noch niemanden kennt, ist es daher schlichtweg notwendig, zu jedem offen und freundlich zu sein. Erst allmählich kristallisieren sich dann nähere Bekanntschaften heraus.

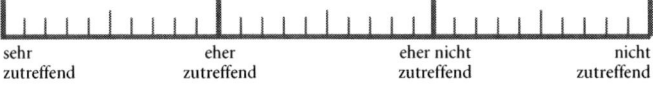

| sehr | eher | eher nicht | nicht |
| zutreffend | zutreffend | zutreffend | zutreffend |

c) Bob will ein netter Chef sein.

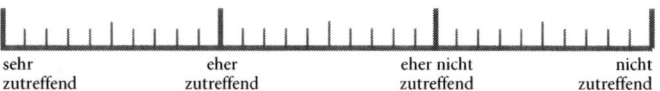

sehr	eher	eher nicht	nicht
zutreffend	zutreffend	zutreffend	zutreffend

d) Bob nimmt seine Aufgabe als Abteilungsleiter sehr ernst. Und die kann er seiner Meinung nach nur dann erfüllen, wenn er viel mit seinen Mitarbeitern spricht.

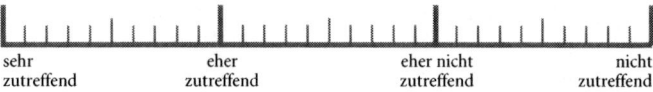

sehr	eher	eher nicht	nicht
zutreffend	zutreffend	zutreffend	zutreffend

- Versuchen Sie, Ihre Einstufung zu jeder Antwortalternative zu begründen. Halten Sie die Begründung in schriftlicher Form stichpunktartig fest.
- Lesen Sie nun die Erläuterungen zu jeder Antwortalternative durch und vergleichen Sie diese mit Ihren eigenen Begründungen.

◼ Bedeutungen

Erläuterung zu a):

Dass jemand, der als »Expatriate« in ein anderes Land kommt, zunächst fremd und einsam ist, ist sicher wahr. So dürfte es auch Bob ergangen haben. Er kennt niemanden, hat keinen angestammten Freundeskreis, und das dürfte ihn auch belastet haben. Die Situation eines Neuankömmlings ist gerade in den ersten Wochen und Monaten ziemlich hart – auch wegen der mangelnden Sozialkontakte. Nicht umsonst spricht man zu Beginn eines Auslandsaufenthalts als von der Zeit eines kaum zu vermeidenden Kulturschocks. Dennoch erklärt diese Antwort Bobs Verhalten nicht. Er hätte ja viele andere Möglichkeiten, Kontakte aufzubauen – mit den Kollegen im Büro oder durch Freizeitaktivitäten. Warum verhielt er sich so den Arbeitern gegenüber?

Erläuterung zu b):

Auch diese Antwort ist nicht falsch. Wenn überall auf der Welt Freunde *auch* am Arbeitsplatz gefunden werden, dann gilt das für

Amerikaner sogar ein ganzes Stück mehr als für Deutsche. Insofern könnte bei Bobs Verhalten dieser Hintergedanke durchaus eine Rolle gespielt haben. Sehr wahrscheinlich ist es allerdings nicht, dass er auf dieser Ebene nach Freundschaften gesucht hätte. Richtig ist zudem, dass das Arbeitsklima in USA generell durch das andere Kontaktverhalten der Amerikaner (vgl. Kulturstandards »Soziale Anerkennung« und »Interpersonale Distanzminimierung«) Deutschen oft freundschaftlicher erscheint. Insofern verhält sich Bob, wenn er offen und freundlich ist, genau so, wie es von einem Amerikaner erwartet wird und wie dieser bislang immer gute Beziehungen hat herstellen können. Dennoch ist das wesentliche Motiv noch nicht erklärt.

Erläuterung zu c):
Ja, das stimmt. Und die Vorstellung von einem »netten Chef« ist amerikanisch geprägt. Das entscheidende Charakteristikum, das Bob hier in reiner Form vorlebt, lautet: Aus dem *Kommunikationsverhalten* ist nicht auf die Rangunterschiede der beteiligten Personen zu schließen. In der Art, wie man miteinander spricht, bemüht man sich vielmehr um eine Beziehung auf Augenhöhe. Die Unterschiede in Hierarchie und Status werden in den *Umgangsformen* weitgehend nivelliert. Jemand hat trotz Erfolg und Karriere ein umgänglicher Mensch zu bleiben. Das lebt Bob vor, das ist ihm ganz wichtig. Und das wird ihm umso wichtiger, als er realisiert, wie gewöhnungsbedürftig sein Verhalten für die deutschen Arbeiter ist. Überhebliches, herablassendes, wenn auch gönnerhaftes Verhalten von Vorgesetzten passt einfach nicht zu einem guten amerikanischen Manager und wird vehement abgelehnt. Symbole für dieses Gleichheitsideal sind beispielsweise die offenen Bürotüren, die in diesem Beispiel durch den täglichen Rundgang in der Produktion ersetzt werden. Oder auch die Anrede per Vornamen, die Bob gewohnheitsmäßig mit dem »Du« kombiniert, weil er »you« so übersetzt.

Erläuterung zu d):
Exakt, das ist seine Überzeugung. Wenn der Status, wie wir gesehen haben, nicht das soziale Ausdrucksverhalten bestimmt, dann wird die Kommunikation erleichtert. Auch einfache amerikani-

sche Arbeiter äußern selbstbewusst und unabhängig ihre Meinung, genauso wie ein gebildeter Bürger. Es gibt einen regeren Austausch von Meinungen, es werden viel mehr Fragen gestellt. Jemanden zu unterbrechen und ihm womöglich damit mangelnde Kompetenz zu unterstellend, wäre eine große Beleidigung. Viele der Äußerungen der Arbeiter enthalten womöglich konstruktive Ideen, die es dem Abteilungsleiter erlauben, angemessene Entscheidungen zu treffen, Verbesserungen einzuleiten und weitere Schritte zu planen.

Sie lesen richtig: All das obliegt dem Abteilungsleiter, nicht den Arbeitern. Genau an dieser Stelle taucht das häufigste Missverständnis auf: das Gleichheitsideal in den USA bestimmt die Beziehungsebene (= Kommunikation), nicht die Sachebene (= Entscheidung). Oder wie es ein deutscher Auswanderer in den USA leidvoll zusammenfasst: »Sie dürfen reden, aber zu sagen haben Sie nichts.« Dennoch ist völlig unbestritten, dass die Atmosphäre der Kooperation dadurch lockerer, dass der Informationsfluss ungehinderter ist, dass sich viele wohler fühlen. Genau das ist auch in Bobs Abteilung passiert und hat manchen deutschen Vorgesetzten motiviert, Bobs Stil auch nach seinem Weggang zumindest in Ansätzen beizubehalten. Man könnte zugespitzt sagen, dass der Kommunikationsstil in Deutschland das Status- und Rollenverhältnis widerspiegelt. In den USA ist der Kommunikationsstil weitgehend unabhängig davon.

Deshalb geben deutsche Abteilungsleiter unter Umständen den Arbeitern nicht einmal die Hand, stellen sich mit Nachnamen und vielleicht sogar akademischen Titeln vor (auch wenn ihre Tätigkeit nichts damit zu tun hat) und beanspruchen in Geschäftsbesprechungen viel Zeit für die Darstellung ihrer Meinung. Andererseits werden in Geschäftsbesprechungen streitbare Auseinandersetzungen zugelassen, wenn Deutsche ihre Rollen ernst nehmen – die nächste Quelle häufiger Missverständnisse (vgl. die Kulturstandards »Soziale Anerkennung« und »Individualismus«).

■ Kulturelle Verankerung von »Gleichheitsdenken«

In jeder Gesellschaft gibt es Hierarchien. Spätestens seit der Französischen Revolution (»Freiheit, Gleichheit, Brüderlichkeit«) ist Gleichheit dennoch unbestritten ein Ideal aller demokratischen Völker. Alle freiheitlichen und nach Freiheit strebenden Gesellschaften postulieren, »Gleichheit« ihrer Bürger (»vor dem Gesetz«) erreichen zu wollen. Im interkulturellen Kontext ist nun die Frage interessant, wie das Dilemma zwischen notwendigen Hierarchien bei der Organisation von Großgruppen und dem Gleichheitsideal gelöst werden kann. Und genau hier fallen Kulturunterschiede ins Auge. Eine Kultur organisiert bestimmte Notwendigkeiten und Situationen eher so, dass möglichst viel »Gleichheit« gelebt und erlebt werden kann, während anderswo eine eher hierarchische Ordnung herrscht und schlichtweg andere Entscheidungen getroffen werden.

Wie ist das nun in den USA? Wo ist »Gleichheit« hier verwirklicht? Worin äußert sie sich? An welchen Stellen fällt sie uns Deutschen so deutlich auf, dass das immer und immer berichtet wird?

■ Chancengleichheit

Amerikaner sind von der Idee der Chancengleichheit und der damit verbundenen Möglichkeit zu Aufstieg und Karriere überzeugt: harte Arbeit bringt Erfolg. Daran glauben sie, so handeln sie. Das Arbeitsrecht beispielsweise hat in den USA nicht primär zum Ziel, Arbeitnehmerrechte gegenüber dem Unternehmen zu garantieren, sondern Diskriminierung zu verhindern und Chancengleichheit zu sichern. Viele Antidiskriminierungsgesetze sorgen daher für die gleichen Startmöglichkeiten. Möchte sich ein amerikanischer Arbeitnehmer im Laufe der Zusammenarbeit gegen die von ihm so empfundene schlechte Behandlung durch seinen Vorgesetzten wehren, dann kann er ebenfalls mit Recht auf seine Arbeitsplatzbeschreibung verweisen.

Chancengleichheit heißt zudem, dass auch ein Mitarbeiter eine Führungsposition erreichen kann und dann entscheiden darf. Hierarchie-, Einkommens- und Statusunterschiede sind aus dieser Sicht entstanden, weil »Chancengleichheit« von manchen handlungs- und leistungsorientiert genutzt wurde und sie nun zu Recht eine gute Position inne haben (vgl. Kulturstandards »Handlungsorientierung« und »Leistungsorientierung«).

Chancengleichheit heißt auch, dass jeder Zugang zu Informationen hat. Informationen zu selektieren, und sei es nur aus Rücksicht, um andere damit nicht zu überfluten, wird als Geheimnistuerei und Herrschaftsverhalten angesehen. Amerikaner schicken Informationen an andere und lassen diese selbst entscheiden, welche davon für den Empfänger zu verwenden sind. So kann man in einer US-Firma täglich Unmengen von E-Mails erhalten mit dem Betreff »FYI« (for your information). Die meisten werden Sie nicht interessieren.

Auf Gesamtfirmenebene gibt es fest institutionalisierte Kommunikationsmöglichkeiten (Meetings mit vielen Mitarbeitern auf verschiedenen Ebenen), die dazu dienen, Infos über die Firma, die Produkte, deren Entwicklungsstand oder Verkaufserfolg weiterzuleiten sowie sich über Erfolge wie auch über Probleme auszutauschen. Auch zwischen den Hierarchieebenen gibt es einen offeneren Austausch: Es ist guter Stil, dass ein Chef seinen Mitarbeitern Neuigkeiten mitteilt und sie über aktuelle Arbeitsinhalte auf dem Laufenden hält. Ein Mitarbeiter kann sich regelmäßig mit seinem Chef besprechen und tut das auch.

Die berufliche Gleichstellung von Frauen ist sehr viel weiter fortgeschritten als in Deutschland. Amerikanische Frauen sind präsenter, selbst in höheren Positionen in Wirtschaft und Staat. Gleichwohl existiert auch in den USA eine gläserne, die Aufstiegsmöglichkeiten einschränkende »Decke« (glass ceiling), die aber deutlich höher hängt als in Deutschland.

Mit Beginn der 1960er Jahren entwickelte sich eine breit angelegte Bewegung gegen Diskriminierung, Vorurteile und Rassismus mit dem Bestreben, benachteiligten Personen und Gruppen Zugang zu gesellschaftlichem Status und Einfluss zu ermöglichen. Gesetze wurden erlassen, die recht konkrete Auswirkungen haben: So darf in Bewerbungsgesprächen beispielsweise nicht nach dem Alter des Kandidaten gefragt werden. Das Bewusstsein schlägt sich auch in der Einführung von neuen Begriffen nieder, da diskriminierende Mechanismen häufig auf der sprachlichen

Ebene festgeschrieben werden. So wurden die Ausdrücke »negros«, später »blacks«, durch »African Americans« ersetzt, oder »handicapped« durch »physically challenged«. Auch »sexuelle Belästigung« (sexual harassment) wird ernst genommen, definiert als unerwünschte sexuelle Annäherung, als Forderung, sexuell zu Gefallen zu sein und als verbales oder physisches Verhalten sexueller Natur. – Deutschen ist nur anzuraten zu fragen, wenn sie sich bei einem Thema oder in einer Situation unsicher sind. Um »sexual harassment« zu vermeiden, sind anrüchige Witze oder Anekdoten auf jeden Fall zu unterlassen! Selbst mit Komplimenten sollten Männer vorsichtig sein.

■ Umgangsformen

Das Gleichheitsdenken bezieht sich ferner auf die Formen des Umgangs. Es gilt: Der soziale Status oder der Rang ist für die Interaktionsformen zwischen Personen nicht bestimmend. Im unmittelbaren Kontakt sind auf der Beziehungsebene die existierenden Unterschiede zu nivellieren, und im Kommunikations*stil* ist eine egalitäre Beziehung herzustellen, die jeden anderen als Gleichen behandelt. Kann sich ein Angestellter mit einer Kassiererin genauso wie mit dem Direktor problemlos und ohne Anzeichen von Rangunterschieden unterhalten, isst ein Präsident zusammen mit den Soldaten aus der Gulaschkanone, feiern alle Mitarbeiter gemeinsam ausgelassen ein Fest, dann ist das Ausdruck horizontaler Beziehungen, wie sie erwünscht sind. Niemand sollte sich als erfahrener oder klüger darstellen und einen anderen damit zum Dümmeren erklären. Oberlehrerattitüden in Form eindringlicher Ratschläge oder Ermahnungen werden klar abgelehnt. Amerikaner wollen durch »visions« und »mission statements« überzeugt werden und durch Begeisterung jeden auf das gemeinsame Ziel einschwören (vgl. Kulturstandard »Individualismus«). Besserwisserei und gar die Belehrung eines Kunden sind im amerikanischen Geschäftsleben völlig kontraproduktiv.

Diese Haltung prägt die Kommunikation nachhaltig. Anweisungen gelten als unhöflich, stattdessen wird indirekt kommuniziert. Aufforderungen werden als Bitten verpackt und von jedem

Mitarbeiter verstanden: »Do you think you could get that report ready by friday?« »If you have time today, do you think you could …?« Formulierungen wie »It would be nice … But don't worry, if you can't« meint, dass ein Chef das möchte, auch wenn es nicht oberste Priorität hat. – Die individuellen Rollen und Positionen sind allen Beteiligten klar, sie werden aber durch die Umgangsformen nicht expliziert.

Auch Grundsatzdiskussionen innerhalb von Teams, bei denen Deutsche ihre Meinungen mit dem Brustton der Überzeugung kundtun, sind Amerikanern unbekannt. Vielmehr entsteht für Amerikaner der Eindruck, man wolle ihnen vorschreiben, was sie zu denken hätten. Statt jemanden von der Richtigkeit der eigenen Meinung überzeugen zu wollen und damit die des Anderen als Unrecht darzustellen, versucht man in den USA eher zu einem Kompromiss zu kommen.

Zudem gibt es viele Meetings, deren Ziel vor allem in der Einbeziehung aller Teammitarbeiter in die Diskussion (nicht unbedingt in die Entscheidung) besteht, um auf faire Art wirklich jeden zu berücksichtigen (manchmal »Buy-in-Meetings« genannt). Im beruflichen Alltag können Chefs die Meinungen der Mitarbeiter einholen und ihnen Anerkennung für ihre bereits geleistete Arbeit zollen. Meetings können aber auch dazu dienen, Mitarbeiter zu informieren. Ein derartiges Meeting wird als weniger herablassend angesehen als etwa ein Rundschreiben. Bei Projekten ohne eine eindeutige Führungsrolle kann in Meetings jeder Einzelne an der Entscheidung mitwirken, ebenso besteht bei der Gelegenheit die Möglichkeit zu diskutieren und sich dadurch in eine neue Materie einzuarbeiten – ohne Belehrungen. Sind Deutsche zu solchen Meetings eingeladen, halten sie diese oft für »sinnloses Gequatsche« und verkennen das ihnen innewohnende Ritual einer »democratic procedure« unter Gleichen.

■ Informelles Verhalten

Informelles Verhalten gilt ebenso als angemessen, um eine von Gleichheit geprägte Atmosphäre herzustellen. Formelle Etikette (z. B.: wer hält wem die Tür auf, förmliche Vorstellungen und

Regeln bei Tisch) betrachten Amerikaner eher als Relikt einer traditionellen europäischen Klassengesellschaft. Stattdessen benutzt man schnell und fast überall Vornamen, spricht andere nicht mit Titeln an und lässt die Hände in den Hosentaschen stecken.

■ Ungleichheit

Das Gleichheitsgebot bedeutet nicht – und das ist wichtig zu betonen –, dass in den USA keine oder nur geringe Hierarchie- oder Statusunterschiede bestünden und Macht nicht gelebt werden würde. Entscheidungen trifft eindeutig der Chef – im Einklang mit den Mitarbeitern oder auch nicht. Die Mitarbeiter akzeptieren das auch und widersprechen selten (vgl. Kulturstandard »Soziale Anerkennung«). »Gleichheit« meint nicht Statusgleichheit und Konsenspflicht. Führungsstrukturen basieren auf einem starken Unternehmenspräsidenten. Entscheidungen werden überwiegend top-down getroffen und auf den entsprechenden Hierarchieebenen umgesetzt. Partizipation bedeutet dann allenfalls, als Berater einbezogen zu werden. Es steht nicht im Widerspruch zu diesem Kulturstandard, dass amerikanische Spitzenmanager extrem hohe Jahresgehälter beziehen (die übrigens per Gesetz veröffentlicht werden), und dass Amerikaner herausragende, starke, charismatische Persönlichkeiten bewundern, ihnen gern folgen und sich damit wahre Helden schaffen. Wenn hierarchisch Hochstehende in ihrem *Kontakt*verhalten eine Atmosphäre der Gleichheit zu schaffen imstande sind, dann ist das Dilemma Gleichheit versus Ungleichheit für Amerikaner im Sinne ihres Gleichheitsideals gelöst.

■ Kulturelle Verankerung

»We hold these truths to be self-evident, that all men are created equal, that they are endowed by their Creator with certain unalienable rights, that among these are life, liberty and the pursuit of happiness.« (The Declaration of Independence, 1776)

Um die Wurzeln der amerikanischen Kulturstandards zu erfassen, muss man sich drei Einflussgrößen vor Augen halten: (1) die

USA sind ein Einwanderungsland, (2) die Werte der staatsgründenden Einwanderer waren vom Protestantismus geprägt, (3) die Geschichte der Vereinigten Staaten von Amerika ist eine junge mit einmaligen Besonderheiten.

Machen wir uns zur Erklärung dessen, was Amerikaner unter »Gleichheit« verstehen und weswegen ihnen dieser Grundsatz so wichtig ist, zunächst umfassend bewusst, dass es sich bei den Vereinigten Staaten um eine Einwanderungsgesellschaft handelt: Der weit überwiegende Teil der Bevölkerung der USA ist seit dem 17. Jahrhundert eingewandert bzw. setzt sich aus Nachkommen von Einwanderern zusammen. Eine andere, staatstragende Tradition gibt es nicht. Und somit konnte das Regierungsprinzip von Gleichen 1776 in scharfem Gegensatz zu den europäischen Strukturen, in denen Aristokratie, erbliche Macht und Privilegien die Basis für Regierung und soziale Kontrolle bildeten, formuliert und deklariert werden.

Einwanderung bedeutete für die aus Europa kommende Bevölkerung ganz konkret und unmittelbar: Angekommen in Amerika, musste fast jeder bei Null anfangen. Frühere soziale Unterschiede wurden völlig bedeutungslos, Klassenschranken und Feudalismus hatte man hinter sich gelassen, es galt mit Hilfe der Arbeitskraft jedes Einzelnen zu überleben. Gleichheit war nicht nur eine Idee, sondern absolute, den Alltag bestimmende Realität. Auch in den Südstaaten, in denen es den Einwanderern vor allem um wirtschaftliche Interessen ging, konnte sich ein Feudalsystem nicht halten: der aus Europa angeworbene Tagelöhner konnte in Zukunft Plantagenbesitzer sein. Das Land war reich an Ressourcen, und die Gesellschaft der Kolonien war eine von relativ gleichrangigen »Selbstständigen«: Handwerkern, Kaufleuten, Farmer. Sie alle verfügten über Eigentum. Eine Klassenteilung in Besitzende und Nicht-Besitzende gab es zunächst nicht. Jeder hatte Besitz, jeder musste ihn durch seine Arbeit erhalten und vermehren. Zudem kamen nicht in erster Linie Leute aus den oberen Schichten Europas nach Amerika, sondern vor allem Menschen, die das Gefühl verband, als sozial Benachteiligte ein soziales Statussystem (Stände, Zünfte, Herrschaftsverhältnisse usw.) abgestreift und nun die Möglichkeit zum sozialen Aufstieg zu haben.

Relative Chancengleichheit war auch wegen der nahezu unbegrenzten Ressourcen gegeben, denn der Erfolg der einen ging nicht automatisch zu Lasten der anderen. Es war genug für alle da. Diejenigen, die hart arbeiteten oder talentiert waren oder Glück hatten, waren erfolgreich. Dieser Mythos des Selfmademan ist bis heute lebendig.

Die Auswanderung war für die Europäer von Hoffnung getragen. Emigration wurde auch verstanden als Bruch mit den sozialen und politischen Verhältnissen in der Heimat und war an sich schon eine Rebellion gegen Autorität und Unterdrückung. Die Kolonisten setzten der englischen Herrschaft in Nordamerika eine Ende, weil sie sich unterdrückt fühlten. Die »Bill of Rights«, die 1789 der Verfassung hinzugefügt wurde, schützt die Bürger gegen Machtmissbrauch der Regierung. Das Misstrauen gegenüber Autoritäten und den Gebrauch von Macht und Status ist bis heute in der Bevölkerung tief verwurzelt.

Darüber hinaus waren für viele Einwanderer, vor allem in den Nordstaaten, die Werte des Protestantismus als maßgeblicher Religion von besonderer Bedeutung: die Betonung der Eigenverantwortung vor Gott und die Abschaffung des Klerus waren starke egalitäre Impulse, die im Verlauf der amerikanischen Geschichte durch die Gedanken der Aufklärung und den Liberalismus noch verstärkt wurden.

Die Vorstellungen von einer demokratischen Regierung und einer entsprechenden Gesetzgebung mit garantierten gleichen Rechten für jedermann waren attraktiv für Wellen von Einwanderern, die in ihren Herkunftsländern aufgrund feudaler Herrschaftsstrukturen verarmt waren und unterdrückt und diskriminiert wurden. Teil des amerikanischen Traums war und ist es bis heute, in einem Land sozialer Gleichheit zu leben.

■ Themenbereich 2: Handlungsorientierung

■ Beispiel 5: Standortwahl

■ Situation

Ein deutscher Konzern möchte seine Präsenz in den USA stärken. Er plant Abteilungen für Entwicklung und Produktion einzurichten. Texas erscheint wegen Steuerbegünstigungen und niedriger Produktionskosten als attraktiver Standort, zudem verfügt die deutsche Firma dort bereits über ein Tochterunternehmen mit guten Erfahrungen.

Die deutsche Zentrale bittet das amerikanische Management anhand bestimmter Kriterien eine Liste potenzieller Standorte zusammenzustellen. Zwei der amerikanischen Manager, Keith Richards und Allen Baker, sollen später den Aufbau der neuen Firma leiten. Die Amerikaner benennen drei Standorte und schicken ihren Bericht an die deutsche Zentrale. Die Deutschen schicken daraufhin ein vierköpfiges Team, geleitet von Frank Kunz, nach Texas, um selbst die Vorschläge in Augenschein zu nehmen, mit den lokalen Stadtverwaltungen zu sprechen usw.

Das deutsche Team hat sich im Grunde für einen Standort entschieden und fliegt nun noch zu dem Tochterunternehmen in Arlington, um mit Keith Richards und Allen Baker zu sprechen. Frank Kunz hat eine Präsentation vorbereitet, in der er den professionellen Hintergrund des deutschen Teams umreißt, Erfahrungen mit der Bestimmung von neuen Standorten beschreibt, von den Verhandlungen in den drei Orten in Texas berichtet, die Entscheidungskriterien darlegt usw. Er möchte, dass seine amerikanischen Kollegen ein Gefühl für die deutsche Perspektive bekommen.

Frank Kunz hat jedoch während seiner Präsentation zunehmend ein ungutes Gefühl. Ihm scheint, dass die beiden amerikanischen Kollegen ungeduldig werden. Sie werden dafür zuständig sein, alles aufzubauen, denkt er, aber sind die an dem Projekt überhaupt interessiert? Richtig empört ist er, als Keith Richards ihn nach einiger Zeit unterbricht und sagt,»Frank, wir wollen nicht wissen wie die Uhr tickt, sage uns einfach, wie spät es ist.«

Wie erklärt sich Mr. Richards Verhalten?

– Lesen Sie nun die Antwortalternativen nacheinander durch.
– Bestimmen Sie den Erklärungswert jeder Antwortalternative für die gegebene Situation und kreuzen Sie ihn auf der darunter befindlichen Skala an. Es ist möglich, dass mehrere Antwortalternativen den gleichen Erklärungswert besitzen.

■ Deutungen

a) Die Amerikaner sind verärgert, weil nicht sie selbst die Entscheidung über den Standort haben treffen dürfen.

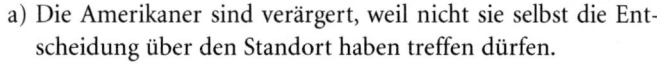

sehr	eher	eher nicht	nicht
zutreffend	zutreffend	zutreffend	zutreffend

b) Die Amerikaner sind tatsächlich uninteressiert und ungeduldig. Sie haben andere, wichtigere Aufgaben zu erledigen.

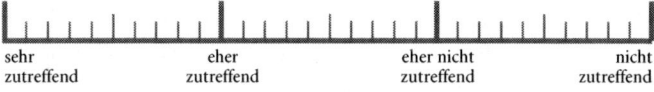

sehr	eher	eher nicht	nicht
zutreffend	zutreffend	zutreffend	zutreffend

c) Die Amerikaner wollen zum Ausdruck bringen, dass sie weder die Vorgehensweise der Deutschen bei der Auswahl des Standortes adäquat finden, noch mit der Entscheidung einverstanden sind.

sehr	eher	eher nicht	nicht
zutreffend	zutreffend	zutreffend	zutreffend

d) Die Amerikaner finden Frank Kunz' Präsentation viel zu ausschweifend.

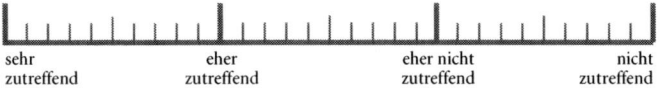

| sehr zutreffend | eher zutreffend | eher nicht zutreffend | nicht zutreffend |

- Versuchen Sie, Ihre Einstufung zu jeder Antwortalternative zu begründen. Halten Sie die Begründung in schriftlicher Form stichpunktartig fest.
- Lesen Sie nun die Erläuterungen zu jeder Antwortalternative durch und vergleichen Sie diese mit Ihren eigenen Begründungen.

■ Bedeutungen

Erläuterung zu a):

In der Tat passiert es oft, dass amerikanische Mitarbeiter deutscher Firmen in den USA sich darüber beschweren, dass in der deutschen Zentrale Entscheidungen über ihren Kopf hinweg getroffen werden, ohne die Gegebenheiten und Besonderheiten des amerikanischen Markts ins Betracht zu ziehen.

In diesem Fall jedoch bestand die Aufgabe lediglich darin, eine Liste von potenziellen Standorten zusammenzustellen. Somit war es von Anfang an klar, dass die Entscheidung letztlich von Deutschen getroffen wird. Die amerikanischen Mitarbeiter hatten freilich die Gelegenheit, ausschließlich solche Standorte in die Liste aufzunehmen, die sie für sinnvoll hielten. Insofern haben die Amerikaner die Vorauswahl treffen können und es ist ziemlich unwahrscheinlich, dass sie jetzt darüber verärgert sind.

Erläuterung zu b):

Da die Betreffenden für den neuen Standort verantwortlich sein werden, sind sie mit an Sicherheit grenzender Wahrscheinlichkeit nicht desinteressiert.

Erläuterung zu c):

Die Bemerkung von Mr. Richards zeigt, dass Amerikaner keine Hemmungen haben, spitze Bemerkungen fallen zu lassen. Wenn sie Kritik an dem Auswahlprozess gehabt hätten oder nicht einverstanden wären, hätten sie das geäußert – freilich auf amerikanische Art. Sie hätten Fragen gestellt, die die Schwächen des Auswahlverfahrens oder der Entscheidung verdeutlicht hätten, oder sie hätten einige ironische Bemerkungen gemacht.

Erläuterung zu d):
Das ist in der Tat so. Die Amerikaner haben ihren Job im Vorfeld gemacht und wollen jetzt nur wissen, welcher Standort es sein wird, damit sie die nächsten Schritte einleiten können. Die Vorauswahl war ihre Aufgabe, daher ist es anzunehmen, dass sie mit jedem der Standorte einverstanden wären. Der professionelle Hintergrund von Herrn Kunz und seinen Kollegen, ihre Erfahrungen mit der Bestimmung von neuen Standorten, die Details ihres Entscheidungsprozesses usw. interessieren sie nicht im Geringsten.

Herr Kunz ist für seine amerikanischen Kollegen viel zu langatmig. Von Kindheit an sind Amerikaner darin geübt, sich so einfach und präzise wie möglich auszudrücken. Amerikaner denken eher linear. Sie filtern alle Hintergrundinformationen heraus, die nicht von unmittelbarer Relevanz sind. Dagegen wären Deutsche eher als »Netzwerkdenker« zu charakterisieren, die lernen, alle eventuell wichtigen Fakten in eine komplizierte holistische Beschreibung einfließen zu lassen. Die Konsequenz ist, dass Deutsche amerikanische Erklärungen oft als zu simpel erleben, weil die für sie nötigen Hintergründe und Details fehlen. Deutsche haben nicht selten den Eindruck, dass ein Amerikaner nicht sehr viel von dem Thema versteht, über das er spricht. Amerikaner dagegen finden deutsche Ausführungen überladen und mit viel zu viel unnötigen Hintergrundinformationen überfrachtet. Für die amerikanischen Kollegen ist Herrn Kunz' Präsentation reine Zeitverschwendung. Die Situation ist ihnen unerträglich, da sie ungeduldig den Startschuss erwarten, damit sie mit ihrer Aufgabe vorankommen können.

◼ Lösungsstrategie

Es ist klar: Herr Kunz und andere Deutsche werden die Standort-
entscheidung treffen. Schließlich sind ja auch die Deutschen die
Investoren. Das ist für Amerikaner kein Problem. Gleichheit bedeutet ja nicht »Konsenspflicht«, sondern wer die Verantwortung
hat, darf entscheiden (vgl. Kulturstandards »Gleichheit«). Keith
Richards ist in der obigen Situation schon einen Schritt weiter:
Was ist jetzt zu tun? Was wird nun von ihm und seinen amerikanischen Kollegen erwartet? Erörterungen, Erklärungen, Darlegun-
gen, wie und warum es zu dieser Entscheidung kam, gelten den
Amerikanern schon fast als schlechte Manieren, weil ihnen durch
diese Langatmigkeit Zeit geklaut wird. Sie wollen loslegen! Herr
Kunz sollte sich also kurz und knapp fassen, seine »conclusion«
präsentieren. Selbstverständlich soll er bereit sein, Hintergründe
und Detailüberlegungen auf Anfrage zu geben. Ansonsten darf er
zu seiner Entscheidung stehen. Und nun könnte er das Meeting
gleich nutzen, die nächsten Schritte zu besprechen und einzuleiten. Schließlich soll Keith Richards dabei ja eine bedeutende Rolle
spielen. Und das will er auch, macht er mit seiner Bemerkung klar.
Ihm dafür und für seine guten Vorarbeiten Anerkennung zu zollen, wäre eine weiterer zu beachtender Punkt.

Dieses Missverständnis ist typisch. Es illustriert (1) die amerikanische »Handlungsorientierung« und (2) ein Element des
unterschiedlichen Verständnisses von »Gleichheit«. Deutsche
können durch ausführliche Hintergrunderklärungen oft Entscheidungen nachvollziehbar machen und dadurch das Gefühl
ihrer Mitarbeiter, übergangen worden zu sein, mildern. Dagegen lösen Amerikaner das Dilemma Gleichheit – Ungleichheit
durch betonte Freundlichkeit (vgl. Kulturstandard »Gleichheit«). Herrn Kunz könnte man also pointiert sagen: ›Sparen Sie
sich Ihre Erklärungen, wenn Sie ohnehin entscheiden, sonst
wirkt das geradezu dozierend und großkotzig‹, während man
im umgekehrten Fall – wäre Herr Richards der Chef – ihm den
Tipp geben könnte: ›Sparen Sie sich Ihre Freundlichkeit, wenn
Sie ohnehin entscheiden, sonst wirkt das nur verlogen schein-
demokratisch‹.

■ Beispiel 6: Laminate

■ Situation

Thorsten Weigand ist Ingenieur der Materialwissenschaft mit dem Spezialgebiet Laminate für Skier und Snowboards. Er arbeitet für die Niederlassung eines amerikanischen Sportwarenherstellers in Süddeutschland. Thorsten ist ein leidenschaftlicher Skifahrer und freut sich daher sehr, nach Denver in Colorado versetzt zu werden. Doch seine anfängliche Begeisterung über die Natur wird bald getrübt von unterschwelligen Spannungen am Arbeitsplatz.

Der Markt für Sportartikel ist sehr bestimmt von Jugendtrends, und seine Firma hat sich einen Namen gemacht, Vorreiter auf dem Markt zu sein und immer die neueste Mode bei Sportartikel anzubieten. Das »friday breakfast brainstorming« ist bereits eine Institution: Alle treffen sich im Konferenzraum zu Muffins und Kaffee. Zuerst werden Neuentwicklungen oder andere Geschehnisse in der Branche kurz diskutiert, dann wird ein Produkt der Firma besprochen – Snowboards, Rollerblades, Skateboards oder anderes. Die Stimmung ist meist heiter und häufig werden Witze gerissen. Als Ansporn werden oft Werbefilme oder Dias gezeigt, die Jugendtrends illustrieren, dann beginnt das Brainstorming. Es geht darum, sich etwas Neues auszudenken und Änderungen anzustoßen, die in der nächsten Saison die jugendliche Kundschaft begeistern könnten. Thorsten genießt die ungezwungene Atmosphäre und macht gern mit.

Probleme holen ihn erst dort ein, wo er seine eigentliche, echte Arbeit sieht: Am folgenden Montag findet immer in einem kleineren Kreis ein Auswertungsgespräch mit den Experten für die jeweilige Sportart und aus Entwicklung und Produktion statt. Da Laminate in fast allen Produkten vorkommen, ist Thorsten fast immer dabei. Diese Gespräche dienen der Machbarkeit der am Freitag zuvor entstandenen Ideen. Und dabei stellt sich dann oft heraus, dass zwar die Ideen kreativ, aber nicht umzusetzen sind. Vor allem in Bewegungssportarten ist es aus Sicherheitsgründen wichtig, die Stabilität der Materialien zu berücksichtigen. Und so findet sich Thorsten oft in der Situation wieder, seinen Kollegen darzulegen, welche Gefahren diese oder jene Konstruktion in sich birgt. Die Gespräche nehmen aber nach Thorstens Beobachtung zunehmend folgenden Verlauf: Am Anfang entstanden aus seinen Bemerkungen lebhafte Diskussionen, aber inzwischen erfolgt keine Reaktion mehr auf seine Beiträge, sondern die Kollegen wechseln einfach das Thema. Thorsten merkt, dass er bei den anderen nicht gut ankommt, aber er versteht nicht warum.

Vor allem wenn man die strengen amerikanischen Haftpflichtgesetze in Betracht zieht, so denkt er, sollten sie doch froh sein, nicht in eine Katastrophe zu schlittern, oder?!

– Lesen Sie nun die Antwortalternativen nacheinander durch.
– Bestimmen Sie den Erklärungswert jeder Antwortalternative für die gegebene Situation und kreuzen Sie ihn auf der darunter befindlichen Skala an. Es ist möglich, dass mehrere Antwortalternativen den gleichen Erklärungswert besitzen.

■ Deutungen

a) Thorsten ist wirklich ein Experte auf seinem Gebiet. Die amerikanischen Kollegen können auf seine Bemerkungen nicht eingehen, weil sie sich nicht in der Materie auskennen.

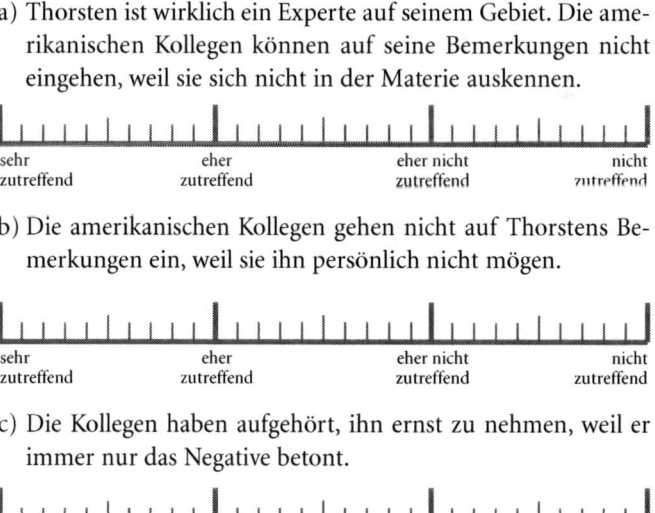

| sehr
zutreffend | eher
zutreffend | eher nicht
zutreffend | nicht
zutreffend |

b) Die amerikanischen Kollegen gehen nicht auf Thorstens Bemerkungen ein, weil sie ihn persönlich nicht mögen.

| sehr
zutreffend | eher
zutreffend | eher nicht
zutreffend | nicht
zutreffend |

c) Die Kollegen haben aufgehört, ihn ernst zu nehmen, weil er immer nur das Negative betont.

| sehr
zutreffend | eher
zutreffend | eher nicht
zutreffend | nicht
zutreffend |

d) Was Thorsten als seine eigentliche Arbeit ansieht, ist für die Amerikaner eine Fortsetzung der fröhlichen Freitagsgespräche. Sie sehen ihn als Spielverderber.

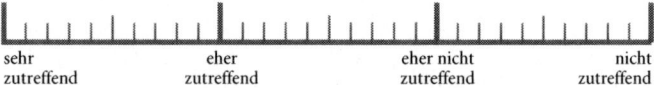

| sehr | eher | eher nicht | nicht |
| zutreffend | zutreffend | zutreffend | zutreffend |

– Versuchen Sie, Ihre Einstufung zu jeder Antwortalternative zu begründen. Halten Sie die Begründung in schriftlicher Form stichpunktartig fest.
– Lesen Sie nun die Erläuterungen zu jeder Antwortalternative durch und vergleichen Sie diese mit Ihren eigenen Begründungen.

■ Bedeutungen

Erläuterung zu a):
Es mag sein, dass die amerikanischen Kollegen Thorsten fachlich nicht ganz verstehen, aber in dieser Situation hätten sie keine Hemmungen, ihn nach weiteren Erklärungen zu fragen. In den ersten Sitzungen mit Thorsten haben seine Kollegen seine Bemerkungen als Anlass zur Diskussion angenommen, erst später haben sie aufgehört, ihn zu beachten.

Erläuterung zu b):
Amerikaner sind sehr sensibel für zwischenmenschliche Stimmungen. Am Arbeitsplatz ist es wichtig, dass der Umgangston positiv ist, und daher bemüht man sich, Antipathien nicht offen zu zeigen, auch nicht in indirekter Weise. Es ist daher kaum anzunehmen, dass die amerikanischen Kollegen wegen einer persönlichen Abneigung nicht auf Thorstens Bemerkungen eingehen.

Erläuterung zu c):
Diese Aussage trifft voll zu. Amerikaner sind ungemein optimistisch und risikofreudig. In einem solchen Gespräch wird daher erwartet, dass man Möglichkeiten aufzeigt, und nicht dauernd bremst. Man behandelt (eventuelle) Risiken später oder ignoriert

sie, wenn sie nicht wesentlich erscheinen. Jemand, der ständig zur Vorsicht mahnt, wird leicht als neurotisch oder zwanghaft negativ angesehen. Amerikaner sind Optimisten.

Deutsche gelten eher als Vertreter des gegenteiligen Pols: Skepsis und Pessimismus stehen aus ihrer Sicht für Problembewusstsein. »Kritisches Denken« hat unter Deutschen einen hohen Stellenwert. In amerikanischen Augen sind Deutsche hingegen besonders risikoscheu und überängstlich: Das Glas ist halb leer, und wer weiß, der Rest könnte auch noch verdunsten. Der amerikanische Historiker Gordon A. Craig widmet diesem Thema einen Essay: »Warum sehen die Deutschen immer schwarz?« Die Deutschen, schreibt Craig, seien ganz überzeugt von Murphys Gesetz, nach dem etwas, was schief gehen kann, früher oder später tatsächlich schief geht, doch sie würden den Zusatz vergessen: Es wird immer jemanden geben, der die Dinge wieder ins Lot bringt. Was in Deutschland als Tugend gilt, sorgfältige Planung und das Durchdenken von potenziellen Problemen und verbeugenden Maßnahmen, wird von Amerikanern nur unter ganz besonderen Umständen wohlwollend betrachtet.

Erläuterung zu d):
Für Thorsten sind die Fachgespräche montags aus zwei Gründen die eigentliche, »echte« Arbeit. (1) Brainstorming ist per Definition unstrukturiert. »Echte« Arbeit hingegen ist nach deutscher Auffassung aber sehr wohl strukturiert. (2) Zudem ist man in Deutschland an eine Übereinstimmung von Inhalt und Ton gewohnt. In einer ernsten Situation ist man ernst. In den Freitagstreffen ist die Laune heiter, Witze werden gemacht, die Atmosphäre ist locker und ungezwungen. Nach deutschem Verständnis ist dies ein Zeichen dafür, dass diese Treffen, auch wenn sie nützlich sein mögen, nicht so wesentlich sind.

Diese Annahmen verleiten Thorsten zu falschen Schlussfolgerungen: In Amerika hat Strukturiertheit nicht den Stellenwert wie in Deutschland. Es gibt keine Entsprechung für das deutsche Sprichwort »Ordnung ist das halbe Leben«. Eine fehlende Struktur ist in den USA keinesfalls ein Zeichen für Dilettantismus oder mangelnde Ernsthaftigkeit. Amerikaner glauben vielmehr, dass eine lockere und ungezwungene Atmosphäre zu produktiver Arbeit anspornen kann. Entsprechend sind sie bemüht, eine solche Atmosphäre am Arbeitsplatz möglichst oft herzustellen.

■ Lösungsstrategie

Zunächst ist Thorsten zu raten, die Meetings und die dort geäußerten Ideen nicht ganz so ernst zu nehmen, sondern mit etwas mehr Distanz. Das kann ihm helfen, innerlich frei zu werden und damit flexibler denken und handeln zu können, eine wesentliche Voraussetzung für alles Weitere. Denn er ist bei diesen Meetings sozusagen eingebunden in eine Zukunftsreise: Mit dem Brainstorming schaut man über den aktuellen Tellerrand, um Visionen für die Zukunft entwickeln zu können. Und ein zukunftsweisender Rat, eine zukunftsweisende Argumentation wird von ihm erwartet. Wenn er eine Idee auf Grundlage seines Fachwissen abwägt, werden ihm natürlich Bedenken kommen. Die darf er gern haben. Doch mitteilen sollte er, was man probieren könnte, wie man vielleicht die ihm bekannte Schwierigkeit umgehen könnte. Wichtige Gründe für wesentliche Bedenken darf er nennen, aber er sollte bedenken, dass er in einer Entwicklungsabteilung arbeitet, die die Aufgabe hat, Neues umzusetzen. Keiner erwartet, dass alle seine Lösungen funktionieren und Tests standhalten (vgl. Themenbereich »Easy going«)! Nur wer zu gedanklichen Experimenten bereit ist, kann neue Produkte entwickeln. Thorsten ist der Realität und seinen bisherigen Erfahrungen zu sehr verhaftet.

Zudem würden Thorstens Kollegen es schätzen, wenn er etwas mehr Begeisterung zeigen würde: Etliche Ideen sind doch wirklich kreativ! Diese Art der Arbeit macht doch Spaß! Ist es nicht toll, an vorderster Stelle der Entwicklung zu sein? Stimuliert und unterstützt man sich im Team nicht gegenseitig?

■ Kulturelle Verankerung von »Handlungsorientierung«

■ Aktivität

Amerikaner sind sehr aktive und energievolle Menschen, das gilt für den beruflichen und auch den privaten Bereich. Sie sind fortwährend mit Sport, Ehrenämtern und in diversen Clubs und Vereinen beschäftigt. Amerikaner sind immer in Bewegung, auch zu Hause. Entspannung ist Regeneration für den Beruf, »Gemütlichkeit« ist kein amerikanisches Konzept. In einer Konversation werden sogar Redepausen als unangenehm empfunden.

Dabei steht die Beschäftigung mit konkreten und praktischen Dingen mehr im Vordergrund als die mit Idealen, theoretischen Überlegungen, abstrakten Fragestellungen. Auch Gesprächsthemen drehen sich um praktische Dinge, zu philosophieren gilt als wenig effizient. Intellektualismus, das analytische Durchdringen von Problemen, die Diskussion hypothetischer Fragen wird als unbedeutend, als Zeitverschwendung, als überflüssig, gar weltfremd abgetan. Amerikaner sind eine Nation von Aktivisten und Pragmatikern.

Die individuelle Selbstdefinition erfolgt über die Arbeit und eine der ersten Fragen beim Kennenlernen besteht im Interesse am Beruf des Anderen (»What do you do?«). Die Arbeit ist *das* Forum, um aktiv zu sein und etwas zu bewegen. So ist das Workaholic-Syndrom in den USA häufiger anzutreffen als in Deutschland.

■ Effektivität

Bei allen Tätigkeiten sind schnelle Ergebnisse und Resultate, Effektivität und Effizienz entscheidend. Die Devise lautete: Do it! Review! Adjust or change! Motivate! Do it! Review! Adjust or change! Beliebt sind ein- bis zweiseitige Memos, in denen knapp und prägnant ein Problem oder eine Situation geschildert und eine Lösung angeboten wird. Auch Mails sind kurz zu halten: Es gilt das Ein-Seiten-Prinzip und dann der Verweis auf Anhänge.

Es geht im Geschäftsleben darum, Geld zu verdienen. Bezogen auf die Produkte gilt entsprechend eine Markt- und keine Technikorientierung. Der Fokus ist an Kundenwünschen und Marktmöglichkeiten ausgerichtet, es kommt nicht so sehr darauf an, dass ein Produkt technisch qualitativ hochwertig ist. Die Anforderung des Kunden haben auch stets Vorrang vor firmeninternen Erfordernissen. Äußert ein Kunde einen Wunsch, versucht man ihn zu erfüllen.

■ Optimismus

Optimismus und Zukunftsorientierung gehören zur Grundhaltung. Der Glaube daran, dass durch Anpacken eine Situation zum Positiven gewendet werden kann, ist unerschütterlich: Nur eine positive Einstellung ist nützlich und erfolgversprechend. Ein »kritischer« Mensch gilt als ein Nörgler und Schwarzmaler. Entsprechend erscheinen Amerikaner vielen Deutschen manchmal als zu überschwänglich, als zu »gut drauf«, zu fröhlich und sorglos. Überhaupt tendieren Amerikaner eher zu einer positiven Sicht der Dinge, nicht zu Skepsis und Grübeleien. Ihr traditioneller Glaube an das Gute und ein Happyend lässt sie dabei komplizierte Probleme manchmal nicht als solche erkennen.

■ Tempo

Das Tempo im Arbeitsleben ist in den USA höher als in Deutschland. Die Leute sind in Bewegung, sie sind daran interessiert, etwas schnell zu erledigen – je schneller, desto besser. Ein Gefühl von Dringlichkeit ist allgegenwärtig: Es könnte für kurze Zeit ein »window of opportunity« geben, kommt man zu spät, ist es geschlossen. Die Zukunft ist jetzt, es gilt Entscheidungen schnell zu treffen, Chancen wahrzunehmen und nicht erst nach ausführlichen Erörterungen zu entscheiden. Und die Wirklichkeit am amerikanischen Markt gibt ihnen Recht: Es kann mehr Geld durch Langsamkeit verloren werden als durch einen (korrigierbaren) Fehler. Man arbeitet in USA mit weniger Vorlaufzeit, plant kurzfristiger, entscheidet schneller und liebt Checklisten statt Aktionspläne. Amerikaner sind daran gewöhnt, dass viele Angelegenheiten als extrem wichtig dargestellt und manchmal überaus knappe Deadlines gesetzt werden. So soll auf eine schnelle Erledigung gedrängt werden.

»Zukunft« ist ein enger Begriff: heute, morgen, vielleicht die nächsten Monate. Kurzfristigkeit herrscht vor, die Rendite steht im Vordergrund, langfristige Investitionen entzweien die Manager diesseits und jenseits des Atlantiks. »Time is money«, sagte schon Benjamin Franklin 1748. So beruhen Geschäftsziele auf Indikatoren, die bereits im nächsten Quartal Ergebnisse anzeigen können. Entscheidungen werden nicht auf der Grundlage eines langfristigen Planungshorizonts getroffen. Die grundlegende Annahme ist: Was jetzt gut läuft, wird eine gute Basis für die Zukunft bilden.

Man ist nicht an der Vergangenheit interessiert, schon gar nicht an alten Zeiten. Schließlich wanderten die ersten Siedler ein, um die Vergangenheit hinter sich zu lassen. Bei Bewerbungen ist insofern der interessanteste Abschnitt der, der beschreibt, was jemand während der letzten Jahre gemacht hat. Die Vergangenheit – selbst wenn sie nur 10 Jahre zurück liegt – ist vorbei. Zeit ist grundsätzlich verplant. Meetings haben meistens ein zeitlich definiertes Ende. Herumzuhetzen ist wunderbar: das Leben ist aufregend.

■ Im Geschäftsleben

Präsentationen von Amerikanern sind auf die Herausforderung zum Tun fokussiert. Historische Rückblicke langweilen und detaillierte Hintergrundinformationen gibt es nur auf Nachfrage. Angesagt ist

- ein variationsreiches und dynamisches Auftreten,
- eine Mischung aus fachlicher Kompetenz und der Fokussierung auf die Zielgruppe,
- KISS (keep it short and simple), sofort auf den Punkt zu kommen,
- eine ansprechende Visualisierung,

- die Begeisterung (vor)zuleben, denn wer keine zündende Idee besitzt, ist unglaubwürdig,
- eine kleine Show aus jedem Vortrag zu machen,
- Lösungen zu präsentieren, keine (uninteressanten) minutiösen Problemanalysen,
- knappe Definitionen und umfangreiche Maßnahmenkataloge,
- das stärkste Argument an den Anfang zu stellen und darauf seine Argumentation aufzubauen.

Ein unter Amerikanern verbreiteter *Argumentationsstil* ist gekennzeichnet von induktiven »Informationshäppchen«, das heißt von »bullet points«, einer »executive summary«, vom Bestreben, »zum Punkt zu kommen«. Eine bei Präsentationen und Verhandlungen beliebte Argumentationsstrategie beinhaltet diese Reihenfolge: 1. klare Darlegung des Vorschlags, 2. Zusammenfassung der Pro-Argumente, 3. nähere Ausführung der Pro-Argumente, 4. Zusammenfassung. Da der deutsche Rede- und Schreibstil dagegen mehr auf einer tief gehenden Beschreibung und Analyse aller wichtigen Punkte und Unterpunkte basiert, die dann in ein logische Ganzes verwoben werden, empfinden Deutsche das ihnen solchermaßen Dargebotene nicht selten als »unausgegorene« Ideen.

Was als gute *Teamarbeit* angesehen wird, ist ebenfalls sehr handlungsorientiert:

- Man arbeitet deutlich zielorientiert: Endziel und Zwischenziele sind klar definiert, die Aufgaben und Teilziele auf die Teammitglieder verteilt. Der Chef kontrolliert die Zielerreichung, gibt allen Rückmeldung über den Stand der Zielannäherung und regt eine intensive Kommunikation unter den Teammitgliedern an.
- In Kurzbesprechungen werden immer wieder viele Ideen produziert – und vielleicht auch wieder verworfen. An dieser Stelle werden Handlungen koordiniert, Pläne entworfen und geprüft, Ziele gesteckt und Aufgaben verteilt, Ergebnisse gesammelt, Probleme benannt und Lösungen gesucht.
- Man hat keine Schwierigkeiten, Entscheidungen zu fällen, die im Augenblick adäquat erscheinen, oder Lösungen nach dem Trial-and-Error-Prinzip ohne umfassende Analysen vorzu-

schlagen. Deutsche vermissen dann manchmal den einheitlichen »logischen Guss« und halten die so entstandenen Zwischenlösungen für »quick and dirty«.

- Es erfolgen häufig Änderungen. Entscheidungen werden fallen gelassen, wenn neue Aspekte und Ideen frühere Vorhaben modifizieren. Korrekturen und Nachbesserungen werden zur Erreichung der (Zwischen-) Ziele laufend eingearbeitet. Verbesserungsvorschläge sind willkommen; Maßnahmen ohne unmittelbaren oder kurzfristigen Effekt eher nicht.
- Vorherrschend ist ein induktiver Denkansatz: Man geht von den konkreten, vorfindbaren Tatsachen aus und wendet sich der Lösungsentwicklung ganz pragmatisch zu: Worum geht es in diesem Fall? Worin besteht dieses spezielle Problem? Was wäre hier die Lösung? Als Erfolgskriterium gilt: die Lösung ist tauglich, wenn sie funktioniert.
- Bei einfacheren Aufgaben oder für unbedingt notwendige Punkte existieren detaillierte Arbeitsanweisungen, um eine Zielerreichung sicher zu stellen.

Führungskräfte in den USA sind interaktiv: Sie sind leicht erreich- und ansprechbar – ihre Türen stehen meist nicht nur symbolisch offen. Mit ihnen herrscht ein reger Informationsaustausch und eine umfangreiche Kommunikation: Ihnen können Fragen gestellt werden, sie geben laufend Feedback, sie informieren über Neuigkeiten und wollen informiert werden, wenn ein Mitarbeiter neue Informationen oder Ideen hat.

Eine gute Führungskraft ist ein Visionär, der eine Idee vom zukünftigen Erfolg hat und motivieren und mitreißen kann. Ein solcher Manager geht lösungsorientiert vor und packt zu. Er versteht es, seinen Mitarbeitern Ziele zu setzen, eine motivierende Stärkenanalyse zu machen und ihnen durchgehend Feedback und positive Rückmeldungen zu geben. Das Setzen hoher Ziele hat bei Amerikanern dabei eher eine motivierende Wirkung als dass es Misserfolgsängste auslösen würde. Denn sie gehen mit Selbstbewusstsein und Optimismus Probleme an, fühlen sich bei Schwierigkeiten herausgefordert und lassen sich nicht einschüchtern, nach dem von ihnen selbst gerne zitierten Motto: »Schwieriges wird sofort erledigt, Unmögliches dauert etwas länger.«

■ Kulturelle Verankerung

Handlungsorientierung war für die Einwanderer und Pioniere das Überlebensmodell schlechthin: mit Hilfe der Arbeitskraft jedes Einzelnen konnten Tag für Tag und Abenteuer für Abenteuer überstanden werden. Die Wildnis wurde in kurzer Zeit kultiviert und aus Wald wurden Felder, Städte entstanden aus dem Nichts. Ein Großteil dieser Einwanderer waren ohnehin Handwerker, Kaufleute, Bauern, Tagelöhner, die nicht nur an Arbeit gewöhnt waren, sondern für die auch »handfeste« Qualitäten zählten: Fleiß, Kraft, Geschick. Intellektuelle, ästhetische oder künstlerische Tätigkeiten waren diesen Schichten eher fremd. Unter den Lebensbedingungen der Pioniere war harte Arbeit die tägliche Notwendigkeit und eine moralische Anforderung für den Aufbau einer Gesellschaft. Wer hart arbeitete, fand Beachtung und hatte Erfolg. Die hohe Mobilität ließ diese Eigenschaft immer mehr zu einer selbstverständlichen Gewohnheit und zu einer Grundvoraussetzung werden.

Darüber hinaus glorifizierte der Puritanismus Arbeit religiös, denn es war Puritanern selbstverständliche Pflicht, ihr Leben aktiv zu gestalten: »Doing« statt »being« hieß die Norm. Unter Katholiken bestand eher die Tendenz, die Welt als Tal der Tränen und der Sünde zu betrachten, in dem es Versuchungen zu vermeiden galt. Frömmigkeit bedeutete oft Rückzug und Kontemplation. Protestanten lehnten eine klösterliche Stille ab und meinten Gottes Willen mit Aktivitäten nachzukommen. Diese grundsätzliche protestantische Ethik wurde in der Neuen Welt ganz unmittelbar verstärkt, weil man sich ja zunächst fromm und mittellos an einer fremden und unbekannten Küste wieder fand und zum Handeln gezwungen war.

Optimismus zieht sich wie ein roter Faden durch die amerikanische Geschichte und bestätigte die Amerikaner darin, vieles in einem positiven Licht, ohne Probleme, sondern in erster Linie als Herausforderungen zu sehen:

Aktivität und Mobilität wurden zunehmend gleichbedeutend mit »Chance«, »Verlockung« und »Erfolg«. Wer segelt schon wochenlang übers Meer in ein unbekanntes Land, das angeblich von Wilden bewohnt ist? Wer bricht auch dann wieder auf und zieht über den Kontinent, nachdem er sich niedergelassen und es zu einem angenehmen Leben gebracht hat, in der Hoffnung, woanders wäre es noch besser? Menschen mit dieser Einstellung und diesem Wagemut müssen ihrem Wesen nach Optimisten sein. Die unermesslichen Ressourcen des Landes trugen zu diesem Weg bei und krönten den Optimismus oft mit Erfolg. Unüberwindbare Barrieren waren häufig selbst geschaffen, weil eine Situation vorschnell akzeptiert und als unveränderbar betrachtet wurde. Insgesamt schien jedes Ziel erreichbar, wenn nur genügend Wille und Tatendrang vorhanden war. Auf diese Art waren breite Bevölkerungskreise zu einem sozialen Aufstieg fähig.

Die einzige bedeutende kriegerische Auseinandersetzung auf eigenem Territorium erlebten die USA mit dem Bürgerkrieg zwischen den Nord- und den Südstaaten von 1861–1865. Traumatische Erfahrungen mit langjährigen Kriegen und Verwüstungen im eigenen Land, wie sie in Europa bis in die jüngste Zeit stattfanden, kennen Amerikaner nicht unmittelbar. Kriege, in die die USA verwickelt waren und sind, fanden und finden nicht auf ihrem Territorium statt.

»Handlungsorientierung« ist bis heute ein wesentlicher Aspekt des gesellschaftlichen Lebens in den USA:

– Das Rechtswesen gründet auf Fällen und nicht auf theoretischen Gebäuden.
– Beiträge des öffentlichen Lebens, z. B. im Rahmen wissenschaftlicher Studien, philosophischer Erörterungen, öffentlicher Reden oder religiöser Predigten sowie in Form der Teilnahme am religiösen oder politischen Gemeindeleben müssen eine Relevanz für die Praxis haben, sollten Stellung beziehen und einen Beitrag zur Lösung von Problemen leisten.
– Hinsichtlich der für Amerikaner so typischen beruflichen Identifikation sind zwei Dinge entscheidend: (1) Mit dem Erfolg der Siedler bildete sich ein neuer Typus: der stolze, erfolgreiche Selfmademan. (2) Später, als die Mehrheit bereits in Staatsgebilden lebte, konnte man dank fehlender Berufsschranken und Zulassungskriterien jeden Beruf ergreifen. Berufliche Entscheidungen waren aufgrund der für jedermann

großen Bandbreite der Möglichkeiten von hohem Stellenwert – und bis heute ein wesentliches Merkmal der besonderen Wertschätzung von Berufstätigkeit.

■ Themenbereich 3:
Gelassenheit (easy going)

■ Beispiel 7: Doppelte Arbeit

■ Situation

Zwei große High-Tech-Firmen, eine deutsche und eine amerikanische, haben sich zu einer langfristigen Kooperation in einem Softwareentwicklungszentrum in den USA zusammengeschlossen, wo gemeinsame Projekte verfolgt werden sollen. Entsprechend sind die Forschungsgebiete zwischen den beiden Firmen abgesprochen und die Themen für die Entwicklung klar definiert. Die Projektteams, die dort arbeiten, bestehen entweder aus Mitarbeitern der einen oder der anderen Firma oder sie sind gemischt. Wie in allen Niederlassungen der deutschen Firma in den USA ist auch in dem Entwicklungszentrum die Mehrzahl der Mitarbeiter Amerikaner. Aber es gibt auch immer einige Deutsche, die für einige Jahre in der amerikanischen Niederlassung arbeiten.

Da die beiden Firmen jenseits dieser Zusammenarbeit auf dem Markt miteinander konkurrieren, ist das Klima untereinander unterschwellig immer etwas angespannt. Man betont die Unterschiede der Corporate Cultures und beäugt einander manchmal misstrauisch. Die neu ankommenden Deutschen werden gleich nach ihrer Ankunft in die Geschichte der Kooperation einschließlich der Spannungen eingeweiht. Gewissermaßen erleichtert diese Situation den Neuen die Anpassung an das amerikanische Umfeld, da die Spannungen im Wesentlichen nicht zwischen Zentrale und Niederlassung und auch nicht zwischen Deutschen und Amerikanern bestehen, sondern zwischen den beiden Firmen, und ein neuer Mitarbeiter eher als »one of us« gesehen wird, denn als verlängerter Arm der jeweiligen Zentrale.

So ergeht es auch Jürgen Herder, einem deutschen Software-ingenieur. Er fühlt sich wohl an seinem neuen Arbeitsplatz. Er und seine Familie hatten einen richtig guten Start in den USA, die Arbeit ist interessant, und er versteht sich gut mit seinen Kollegen. Eines Tages hört er per Zufall einige Bemerkungen über ein Projekt, das von Kollegen der »anderen« Firma durchgeführt wird. Das macht ihn stutzig, da es zum Teil um Fragestellungen geht, die auch sein Team bearbeitet. Auf sein Nachfragen hin wird ihm sein Eindruck bestätigt. Empört berichtet er darüber seinen amerikanischen Kollegen. Versucht die andere Firma, heimlich etwas für sich auszuarbeiten? Seine Kollegen versichern ihm, dass dies unmöglich sei. Es gebe zwar konkurrenzbedingte Spannungen zwischen den beiden Firmen, aber es sei gewährleistet, dass alle Forschungsergebnisse in diesem Zentrum den beteiligten Firmen spätestens bei Projektabschluss bekannt gegeben werden. Die Entwicklungen dürften dann von beiden Firmen gemeinsam benutzt werden.

Herrn Herder lässt das angesichts einer solchen Vielzahl von Projekten nicht mehr los: Wer weiß, wie oft manche Fragestellungen von unterschiedlichen Teams parallel bearbeitet werden? Wenn es wirklich nicht um Geheimniskrämerei geht, dann wäre es viel effizienter, alle Vorgänge transparent zu machen. Es sollte einen Prozess geben, in dem jedes Team genau dokumentiert, womit es sich beschäftigt, und dann könnten die Aktivitäten koordiniert werden – so auch sein Vorschlag an seine amerikanischen Kollegen. Zu seiner Überraschung zeigen diese wenig Begeisterung. Einer meint, man solle sich nicht täuschen, die gleiche Fragestellung stehe oft in einem anderen Zusammenhang, und so wird und muss die Lösung anders sein. Ein anderer sagt, es sei nicht schlecht, wenn Teams die gleiche Problemstellung anpacken, so habe man dann am Ende unterschiedliche Lösungsstrategien, von denen man die bessere auswählen könne.

Herr Herder argumentiert weiter: Man könne ja bewusst zwei Teams das gleiche Problem bearbeiten lassen, wenn mehrere Lösungen erwünscht seien. Es sei jedoch eine riesige Zeit- und Geldverschwendung, wenn Teams einfach Arbeit doppelt machen würden und keiner den Überblick habe. Die amerikanischen Kollegen sehen sich kurz an und einige grinsen. »Das haben deine deutschen

Vorgänger auch schon vorgeschlagen.« Für die amerikanischen Kollegen ist damit das Gespräch offensichtlich zu Ende.

Jürgen Herder ist verblüfft. Wieso blockieren die amerikanischen Kollegen? Lehnen sie vernünftige Vorschläge ab, nur weil sie von Deutschen kommen? Vielleicht täuschten die amerikanischen Kollegen den freundlichen Umgang nur vor?

– Lesen Sie nun die Antwortalternativen nacheinander durch.
– Bestimmen Sie den Erklärungswert jeder Antwortalternative für die gegebene Situation und kreuzen Sie ihn auf der darunter befindlichen Skala an. Es ist möglich, dass mehrere Antwortalternativen den gleichen Erklärungswert besitzen.

■ Deutungen

a) Amerikaner wollen sich nicht von einem deutschen Vorgesetzten sagen lassen, was sie zu tun haben.

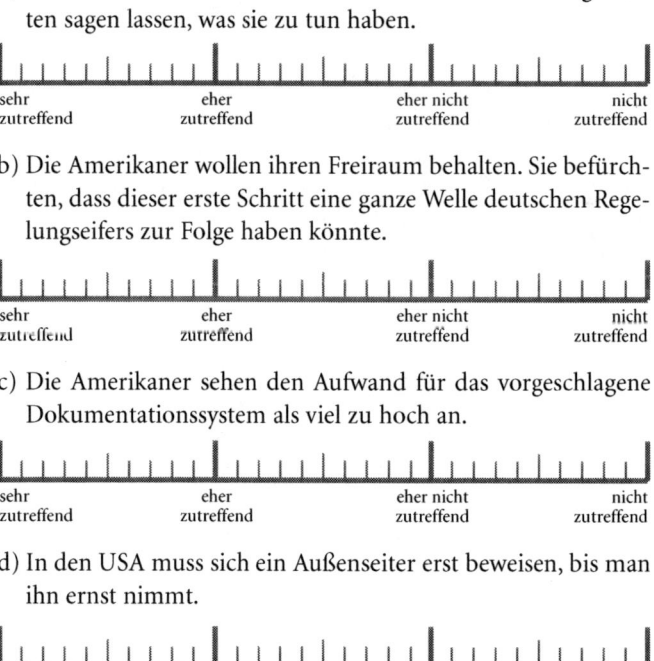

| sehr zutreffend | eher zutreffend | eher nicht zutreffend | nicht zutreffend |

b) Die Amerikaner wollen ihren Freiraum behalten. Sie befürchten, dass dieser erste Schritt eine ganze Welle deutschen Regelungseifers zur Folge haben könnte.

| sehr zutreffend | eher zutreffend | eher nicht zutreffend | nicht zutreffend |

c) Die Amerikaner sehen den Aufwand für das vorgeschlagene Dokumentationssystem als viel zu hoch an.

| sehr zutreffend | eher zutreffend | eher nicht zutreffend | nicht zutreffend |

d) In den USA muss sich ein Außenseiter erst beweisen, bis man ihn ernst nimmt.

| sehr zutreffend | eher zutreffend | eher nicht zutreffend | nicht zutreffend |

- Versuchen Sie, Ihre Einstufung zu jeder Antwortalternative zu begründen. Halten Sie die Begründung in schriftlicher Form stichpunktartig fest.
- Lesen Sie nun die Erläuterungen zu jeder Antwortalternative durch und vergleichen Sie diese mit Ihren eigenen Begründungen.

■ Bedeutungen

Erläuterung zu a):

Das kann zwar manchmal so sein, ist aber sicher in diesem Beispiel nicht ausschlaggebend. Herr Herder ist ein Kollege wie andere auch und im Rahmen dieser Firmenkonstellation nehmen sie ihn gar nicht so sehr in einer Sonderrolle wahr.

Erläuterungen zu b):

Mit dieser Antwort kommen wir der Sache schon etwas näher. Deutsche fallen leicht dadurch auf, dass sie Systeme ersinnen. Die Kehrseite effektiver Organisation ist oft, dass Gestaltungsfreiheit und Flexibilität verloren gehen. Diesem Punkt stehen Amerikaner mit Ambivalenz bis Skepsis gegenüber, wie vielen Berichten von Amerikanern zu entnehmen ist, die in deutschen Firmen arbeiten. Anhaltspunkte dafür könnte man den Einwänden der amerikanischen Kollegen entnehmen. Es gibt jedoch eine treffendere Erklärung.

Erläuterungen zu c):

Diese Deutung trifft ins Schwarze. Es ist auch Amerikanern klar, dass doppelte Arbeit Zeit, Energie und Kosten verursacht. Doch ist es wirklich den Aufwand wert, den ein solcher deutscher Ordnungsvorschlag verschlingt? Nicht nur, dass zunächst Ressourcen gebunden sind, ein derartiges System zu erstellen und einzuführen, es muss dann auch wirklich gepflegt werden, damit es seinen Zweck erfüllen kann. Diese damit verbundene zusätzliche Bürokratie lehnen sie ab. Sie sind überzeugt, dass es nicht so viel kostet, wenn zufällig zwei Teams an den gleichen Inhalten arbeiten. Dabei ist dieses Beispiel typisch: Oft sehen Amerikaner etwas gelassener, was Deutsche gern klarer und detaillierter organisieren würden. Ihre Einstellung ist pragmatischer: Solange etwas auch so funktioniert, kann es bleiben wie es ist. Stellt sich dringender Handlungsbedarf ein, kann man es immer noch ändern und verbessern.

Erläuterungen zu d):
Nein, diese Antwort ist einfach falsch. Das Gegenteil ist sogar richtig: Neue Mitarbeiter erhalten sehr schnell fordernde und anspruchsvolle Aufgaben. Sogar Praktikanten berichten immer wieder begeistert, dass sie in den USA »richtig arbeiten« durften. Umso mehr gilt das für einen neuen deutschen Mitarbeiter. An seiner Qualifikation wird nicht gezweifelt, schließlich wurde er ja ausgewählt.

■ Lösungsstrategie

Jürgen Herder muss in dieser Situation die ablehnende Haltung der Amerikaner einfach zur Kenntnis nehmen. Vielleicht hilft ihm dazu die Überlegung, dass ein solches System, wie er und seine Vorgänger es vorgeschlagen haben, wirklich aufwändig ist. Ein Dokumentationssystem einzurichten und zu pflegen, kostet viel Zeit und verursacht zusätzliche Arbeit. Genau deshalb halten seine amerikanischen Kollegen den Aufwand im Vergleich zum Nutzen für nicht gerechtfertigt. Während der Deutsche sich an diesen, in seinen Augen suboptimalen Zustand gewöhnen muss, kann es aber sein, dass sich Situationen ergeben, in denen Parallelarbeit auch die amerikanischen Kollegen stört. Dann ist für sie der Zeitpunkt gekommen, selbst Abhilfe zu schaffen. Und dann sind auch Herrn Herders Ideen willkommen. – Denn Amerikaner gehen ganz pragmatisch vor: Was taugt, kann man so belassen. *Muss* etwas freilich verbessert werden, dann wird das auch wirklich umgesetzt. Wer immer dazu beitragen kann, darf das tun.

Um Missverständnisse auszuräumen: Vielfach halten Amerikaner Deutsche für bürokratisch und umgekehrt. Der Unterschied liegt darin, (1) an welchen Stellen in den Augen welcher Mitarbeiter etwas organisiert sein muss und (2) wie dies dann zu geschehen hat. Es lässt sich oft feststellen, dass vieles in den USA tendenziell recht pragmatisch angegangen wird, in Deutschland dagegen eher prinzipiell.

◼ Beispiel 8: Rechnungen?

◼ Situation

Ein deutsches Softwareunternehmen hat im Silicon Valley eine amerikanische Firma aufgekauft. Nach einer Betriebsprüfung kommt die deutsche Verwaltung zu dem Schluss, die Buchhaltung anders zu organisieren. Sie schickt daher Herrn Dr. Tress nach Kalifornien. Ihm fällt auf, dass einige Posten nicht genau abgerechnet worden sind. Es ist beispielsweise üblich, dass einige Abteilungen gelegentlich Kunden zu einem Snack in eines der benachbarten Bistros oder zum Essen in die Kantine einladen. Es handelt sich dabei um kleinere Beträge bis zu 10 Dollar. Die Mitarbeiter schreiben dann nur eine kurze Notiz und rechnen über die »kleine Kasse« ab. Dies war bisher die übliche und tolerierte Abrechnungspraxis. Dr. Tress wird aus manchen Belegen nicht schlau, da aus etlichen Notizen nicht hervorgeht, ob es sich beispielsweise um eine Einladung gehandelt hat oder wofür eventuell das Geld sonst ausgegeben wurde. Er mahnt deshalb bei den Kollegen genaue Belege und Quittungen für jedes Essen an, in denen jeder einzelne Posten aufgeführt sein müsse. In der nächsten Zeit wundert er sich über die eingereichten Belege: Um ein Essen abzurechnen, erhält er nun für jedes Getränk und jede Speise eine gesonderte Quittung. Als er einige Zeit später einen Umschlag mit zwei flachgedrückten Getränkedosen und Fastfood-Schachteln findet, weiß er, dass etwas schief gelaufen sein muss.

Wie lässt sich diese Art der Spesenabrechnung der amerikanischen Mitarbeiter verstehen?

– Lesen Sie nun die Antwortalternativen nacheinander durch.
– Bestimmen Sie den Erklärungswert jeder Antwortalternative für die gegebene Situation und kreuzen Sie ihn auf der darunter befindlichen Skala an. Es ist möglich, dass mehrere Antwortalternativen den gleichen Erklärungswert besitzen.

■ Deutungen

a) Die Amerikaner hegen Ressentiments, weil sie Dr. Tress als Kontrolleur sehen. Warum wird ein Deutscher geschickt, wenn ein Amerikaner den Job genau so gut erledigen könnte?

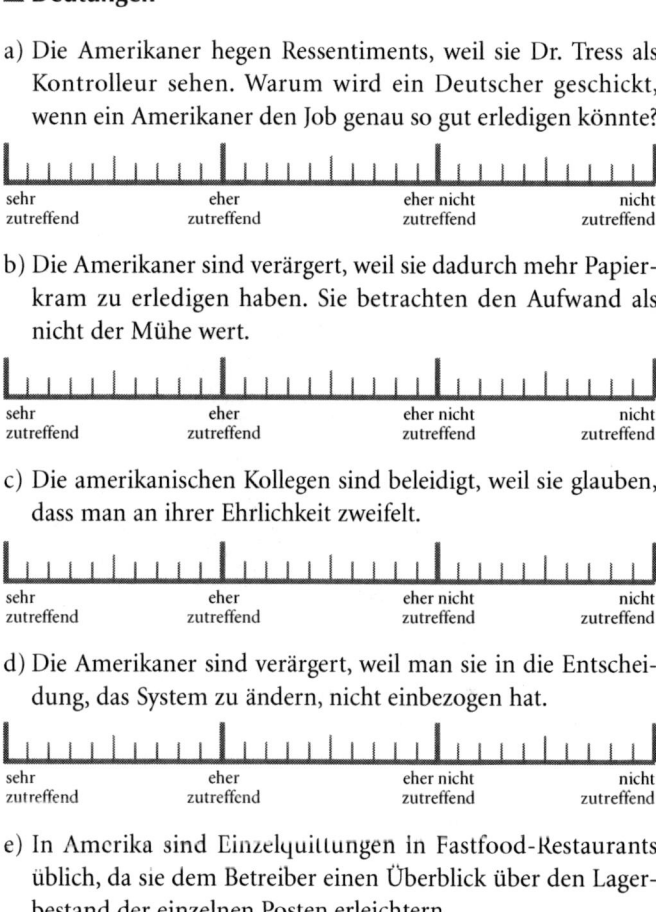

| sehr zutreffend | eher zutreffend | eher nicht zutreffend | nicht zutreffend |

b) Die Amerikaner sind verärgert, weil sie dadurch mehr Papierkram zu erledigen haben. Sie betrachten den Aufwand als nicht der Mühe wert.

| sehr zutreffend | eher zutreffend | eher nicht zutreffend | nicht zutreffend |

c) Die amerikanischen Kollegen sind beleidigt, weil sie glauben, dass man an ihrer Ehrlichkeit zweifelt.

| sehr zutreffend | eher zutreffend | eher nicht zutreffend | nicht zutreffend |

d) Die Amerikaner sind verärgert, weil man sie in die Entscheidung, das System zu ändern, nicht einbezogen hat.

| sehr zutreffend | eher zutreffend | eher nicht zutreffend | nicht zutreffend |

e) In Amerika sind Einzelquittungen in Fastfood-Restaurants üblich, da sie dem Betreiber einen Überblick über den Lagerbestand der einzelnen Posten erleichtern.

| sehr zutreffend | eher zutreffend | eher nicht zutreffend | nicht zutreffend |

– Versuchen Sie, Ihre Einstufung zu jeder Antwortalternative zu begründen. Halten Sie die Begründung in schriftlicher Form stichpunktartig fest.

– Lesen Sie nun die Erläuterungen zu jeder Antwortalternative durch und vergleichen Sie diese mit Ihren eigenen Begründungen.

■ Bedeutungen

Erläuterung zu a):

In sehr vielen Fällen trifft dies zu. Wenn ausgebildetes Personal vor Ort zu finden ist, kann die Anwesenheit eines deutschen Mitarbeiters sehr schnell zu Missgunst führen und den Verdacht nähren, dass er als Aufpasser der Zentrale dorthin versetzt wurde. Im Finanzwesen passiert das jedoch verhältnismäßig selten: Amerikaner sind daran gewöhnt, dass in ausländischen Firmen ein Vertreter aus dem Stammhaus vor Ort ist, um für die korrekte Buchführung zu sorgen, wie sie die Steuerbehörden des entsprechenden Lande verlangen. Es wäre kaum zu erwarten, dass ein Amerikaner sich im deutschen Steuerrecht auskennt.

Erläuterungen zu b):

Genauso ist es. In der Regel mögen weder Deutsche noch Amerikaner zusätzliche Bürokratie. Deutsche sehen allerdings den Nutzen eher ein, wenn er der Ordnung und Struktur dient. Amerikaner schätzen Ordnung und Struktur überwiegend nur dort, wo sie es für notwendig und der »eigentlichen« Arbeit dienlich erachten. Von gut bezahlten Softwareentwicklern zu verlangen, derartige zusätzliche Arbeit erledigen, ist für sie Zeit- und Geldverschwendung.

Erläuterungen zu c):

Diese Antwort trifft nicht den Kern der Sache. Amerikaner sind materialistisch eingestellt. Sie verstehen, dass eine Firma Ausgaben kontrollieren will. Ihnen geht es hier eher um das Verhältnis von geringen Summen und hohem Verwaltungsaufwand. Entscheidend sind auch die Umstände der Situation: Es ist unwahrscheinlich, dass ein gut bezahlter Informatiker unkorrekt abrechnen und somit seine Stelle gefährden würde. In dieser Situation ist nicht einmal moniert worden, dass zuviel Geld für Essen ausgegeben worden wäre.

Erläuterungen zu d):

Die in Frage kommenden Personen sind Software-Ingenieure. Sie erwarten nicht, dass die Firma sie an Entscheidungsfindungen teilnehmen lässt, die mit ihrer Arbeit nur am Rande zu tun haben.

Erläuterungen zu e):
Nein, diese Antwort ist falsch.

◼ Lösungsstrategie

Dr. Tress ist an dieser Stelle anzuraten, einen anderen und einfacheren Abrechnungsmodus zu finden, denn die amerikanischen Kollegen werden sich den vermeidlichen bürokratischen Vorgaben der deutschen Buchhaltung nicht beugen, solange sie keinen Sinn darin sehen und der Aufwand für die korrekte Abrechnung ebenso lange dauert wie das Essen selbst (vgl. dazu auch die Lösungsstrategie der vorherigen Situation »Doppelte Arbeit«).

◼ Beispiel 9: Softwareentwicklung

◼ Situation

Bei einer deutsch-amerikanischen Softwarefirma gibt es ständig Spannungen. Der Chef der deutschen Entwicklungsabteilung berichtet: »Es hat schon am Anfang Probleme gegeben, die wir nicht verstanden haben. Wir kennen unsere Kollegen in den USA, sie haben alle die besten Ausbildungen, waren an renommierten Universitäten. Umso mehr haben wir uns gewundert, als wir mal einen Prototyp für ein bestimmtes Projekt verlangt haben und sie uns ein Produkt geschickt haben, das nie und nimmer fehlerfrei funktionieren kann! Wir haben es zurückgeschickt und darauf bestanden, dass es verbessert wird. Das haben sie getan. Aber das nächste Mal ist genau das Gleiche passiert! Nun, es ging so eine Weile hin und her, bis wir uns endlich getroffen haben. Dann hat sich herausgestellt, dass das Ganze einfach eine sprachliche Verwirrung war. Wir haben ›a prototype‹ verlangt, und es hat sich herausgestellt, dass ›prototype‹ auf Englisch ›Erstentwurf‹ heißt. Da haben wir gelernt, ›a fully functioning model‹ zu verlangen.

So, dachten wir, solche Probleme werden in Zukunft nicht mehr vorkommen. Aber – weit gefehlt! Es kommen immer noch Programme, die bedeutende Schwächen haben. Und wenn wir sie zurückschicken mit der Bitte um Verbesserung, kommt das gleiche mit ein paar Mängeln zurück! Wieso können sie nicht von Anfang an alles richtig durchdenken?! Ich meine, dass sie dazu nicht fähig sind, auch wenn sie wirklich etwas von Software verstehen. Sie sind einfach nur schlampig! Dazu scheinen sie unwillig zu sein, gute, vernetzte Systeme zu entwickeln, wenn man mit einem simplen Interface zwischen Datenbanken mehr schlecht als recht auskommen kann. Ihrer Meinung nach sei auf dem Markt für kompliziertere Systeme kein Bedarf! Ich weiß nicht, wie wir sie erziehen können, vielleicht müssen wir das ganze amerikanische Team austauschen.«

Wie ist die Differenz zwischen dem Anspruch des Deutschen und der Umsetzung der amerikanischen Mitarbeitern zu erklären?

- Lesen Sie nun die Antwortalternativen nacheinander durch.
- Bestimmen Sie den Erklärungswert jeder Antwortalternative für die gegebene Situation und kreuzen Sie ihn auf der darunter befindlichen Skala an. Es ist möglich, dass mehrere Antwortalternativen den gleichen Erklärungswert besitzen.

▆ Deutungen

a) Die fortlaufend unfertigen Ergebnisse der Amerikanern sind Anzeichen für ein tiefer liegendes Problem. Mit ihren nicht durchdachten Arbeiten zeigen sie passiven Widerstand.

| sehr zutreffend | eher zutreffend | eher nicht zutreffend | nicht zutreffend |

b) Die Deutschen haben nicht alle sprachlichen Probleme erkannt. Die Amerikaner wissen tatsächlich nicht, was die Deutschen meinen.

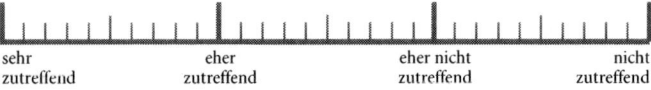

| sehr zutreffend | eher zutreffend | eher nicht zutreffend | nicht zutreffend |

c) Der amerikanische Entwicklungsstil ist grundlegend anders als der deutsche. Die Amerikaner arbeiten einfach so, wie sie es gewöhnt sind.

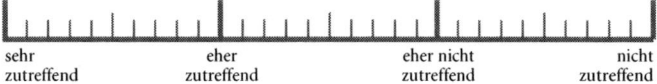

| sehr zutreffend | eher zutreffend | eher nicht zutreffend | nicht zutreffend |

d) Dass die Amerikaner an renommierten Universitäten studiert haben, heißt nur, dass sie gute theoretische Kenntnisse haben und nicht, dass sie diese auch in der Praxis umsetzen können.

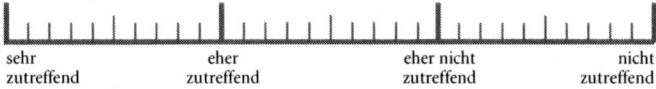

| sehr zutreffend | eher zutreffend | eher nicht zutreffend | nicht zutreffend |

- Versuchen Sie, Ihre Einstufung zu jeder Antwortalternative zu begründen. Halten Sie die Begründung in schriftlicher Form stichpunktartig fest.
- Lesen Sie nun die Erläuterungen zu jeder Antwortalternative durch und vergleichen Sie diese mit Ihren eigenen Begründungen.

◼ Bedeutungen

Erläuterung zu a):
Es stimmt, dass Amerikaner Widerstand oft indirekt ausdrücken, gelegentlich auch, indem sie Arbeitsanweisungen nicht so erfüllen, wie sie gemeint waren. Ohne mehr über die Situation zu wissen, kann man in diesem Fall jedoch nicht davon ausgehen, dass diese Erklärung zutrifft.

Erläuterungen zu b):
Es ist ohne Zweifel richtig, dass die Zusammenarbeit zwischen Deutschen und Amerikanern sehr oft durch sprachliche Missverständnisse behindert wird. Amerikaner lernen selten Deutsch, daher tragen die Deutschen die Hauptlast, indem sie die Sprache des anderen sprechen müssen. Auf der einen Seite ist es für Deutsche verhältnismäßig leicht, Englisch zu lernen, weil die Sprachen miteinander verwandt sind, aber gerade hier liegt auch eine

Quelle für Missverständnisse. Als Deutscher schlägt man Wörter wie »prototype« eben selten nach, weil man annimmt, dass sie die gleiche Bedeutung haben wie im Deutschen. Dennoch liegen für die These keine Anhaltspunkte mehr vor.

Erläuterungen zu c):
Diese Antwort nennt das zentrale Problem. Gewöhnlich gehen amerikanische Entwicklungsteams – wie auch Amerikaner im Allgemeinen – so vor: Am Anfang steht eine relativ kurze Planungsphase. Man bestimmt das Ziel, plant aber nicht jeden Schritt des Weges. Man beginnt mit der Arbeit und geht davon aus, währenddessen festzustellen, ob etwas geändert werden muss oder nicht. Für die meisten Aufgaben strebt man nicht nach hundertprozentiger Qualität, sondern nach einer schnellen Lösung. Wenn sie funktioniert, ist alles in Ordnung. Amerikaner folgen dem System »Versuch und Irrtum«. So ist auch in den meisten Fällen ein Softwareprogramm mit Mängeln akzeptabel.

Aus diesen Gründen gibt es oft Reibereien in der Zusammenarbeit zwischen Deutschen und Amerikanern. Deutsche planen sorgfältig, bevor sie mit der Umsetzung anfangen. In manchen Arbeitsfeldern wie etwa in der Präzisionstechnologie ist diese Strategie sehr wirksam. Gleichwohl ist dieses Vorgehen zeitaufwändig und keinesfalls eine geläufige amerikanische Methode. Man kann Amerikaner davon überzeugen, dass ein Entwicklungsprozess nach deutscher Art sinnvoll ist, wenn absolute Zuverlässigkeit benötigt wird. Die Amerikaner müssen dann aber in das Vorgehen eingewiesen werden. In der hier beschriebenen Situation war es offensichtlich nicht der Fall, dass den Amerikanern die Notwendigkeit einsichtig erschien.

Ihrerseits sind Amerikaner oft sehr ungeduldig hinsichtlich deutscher Planungsprozesse. Sie halten lange Planungsphasen für Zeitverschwendung, denn in ihren Augen kann man jederzeit während des Prozesses etwas ändern. Wenn die Umstände sich ändern (z. B. Geschäftsbedingungen oder Technologien), dann können Amerikaner sehr schnell und flexibel darauf reagieren.

Erläuterungen zu d):
Diese Antwort ist kaum denkbar. Ausbildung allgemein ist in den USA sehr praxisorientiert, egal welche Ausbildungsstätte man be-

sucht. Auch an Elitenuniversitäten wird die Umsetzung von theoretischen Kenntnissen in die Praxis sehr betont. Im Einklang mit dem Kulturstandard »Handlungsorientierung« ist die Vorstellung, der Stellenwert theoretischer Überlegungen sei höherwertig als die Praxis, für Amerikaner nicht nachvollziehbar. Im Gegenteil, die praktische Umsetzung theoretischer Modelle gilt als Merkmal einer guten Ausbildung.

■ Lösungsstrategie

Natürlich gibt es zwischen Deutschen und Amerikanern sprachliche Missverständnisse. Doch ist, wie in diesem Beispiel, davor zu warnen, Probleme vorschnell auf Übersetzungsfehler oder sprachliche Probleme zu schieben. Sehr häufig liegen die Ursachen auf der Ebene von Kulturunterschieden. Was kann also in einem solchen und vergleichbaren Fällen getan werden?

Zunächst sollte die deutsche Seite innehalten und auf jeden Fall aufhören, die amerikanischen Kollegen zu bedrängen. Denn diese erleben diese Art der Kommunikation nur als »die Deutschen nerven«. Ständig nachzuhaken und immer wieder seine Unzufriedenheit zu äußern, vergiftet die Atmosphäre nachhaltig.

Weiterhin kann der deutsche Chef, wie unter den Erläuterungen zu c) geschildert, erklären, was er warum und wie möchte – wenngleich das allein noch nicht die Wende bringen wird, die ihn zufrieden stellt. Ein effektiver Managementstil besteht darin, kleinere Schritte und Ziele genau zu spezifizieren, um sie dann nach und nach abarbeiten zu lassen. So wissen die amerikanischen Mitarbeiter, was von ihnen erwartet wird, und so können sie erfolgreich sein und zeigen, was sie können (wie wichtig dieser Aspekt ist, wird im Kapitel »Leistungsorientierung« deutlich). So kann auch der deutsche Chef zumindest für die einzelnen Schritte die Qualität erhalten, die er möchte. Es kann auch ein aus Deutschen und Amerikanern bestehendes Projektteam für spezifische Probleme eingerichtet werden. Alle Ansätze, die der Chef oder das Team sich überlegen, haben eines zu berücksichtigen: Amerikaner arbeiten eher »häppchenweise«, wie das ein seit mehr als zwei Jahrzehnten in der Kooperation mit Amerikanern erfahrener deutscher Manager ausdrückte.

Ganz grundsätzlich ist es ratsam, die je andere Seite nach Erklärungen zu fragen, wenn man von deren Verhalten irritiert ist. Offene Fragen, die nicht vorwurfsvoll, sondern mit Interesse und Neugierde geäußert werden, wirken als Brücke, signalisieren wirkliche Kooperationsbereitschaft und verhindern die Entwicklung einer Negativspirale von Fehlinterpretationen und Unterstellungen. Gerade im Umgang zwischen Amerikanern und Deutschen sind sie ein hervorragendes Instrument, da die Amerikaner handlungs- und lösungsorientiert weiterkommen und Deutsche somit als konstruktiv empfinden.

◼ Kulturelle Verankerung von »Gelassenheit«

◼ Trial and Error

Bei Aktivitäten von Amerikanern gibt es keine Planung bis ins letzte Detail, wenn eine eine solche nicht unbedingt notwendig erscheint. Amerikaner bevorzugen vielmehr das Prinzip »Versuch und Irrtum« für Entwicklungen und Problemlösungen aller Art. Man analysiert nicht das Für und Wider aller erdenklichen Lösungswege, hält sich nicht mit der Klärung von Grundsatzfragen auf, bevor man sich an die Problembearbeitung macht. Man vereinfacht, sucht Sofortlösungen, legt los, wenn man glaubt, einen funktionierenden Weg gefunden zu haben. Erweist sich dieser als nicht zielführend, wird erneut mit der Suche nach einer Lösung begonnen. Tauchen in einem späteren Stadium Probleme auf, ist das Augenmerk auf mögliche Lösungswege statt auf Diskutieren und Problematisieren gerichtet.

Diese lockerere Herangehensweise erfordert und fördert Spontanität und Kreativität – beides geschätzte Eigenschaften. Man ist risiko- und entscheidungsfreudiger als in Deutschland. Auf Störungen kann flexibel und gelassen reagiert werden. Wenn der Handlungsplan nicht allzu detailliert ist, ist es leichter möglich, Nachbesserungen oder Änderungen bei suboptimaler Zielerreichung vorzunehmen.

Dieses Vorgehen kann aber auch ein kostspieliger Prozess sein. Denn die Gefahr besteht, dass Entscheidungen übereilt getroffen und weniger optimale Lösungswege verfolgt werden. Zu früh wurden unter Umständen vielfältige Lösungsmöglichkeiten auf einen scheinbar besonders erfolgversprechenden Ansatz reduziert, und es stellte sich erst später heraus, einen falschen Weg gewählt zu haben.

Amerikaner haben eine völlig andere Beziehung zu ihren eigenen Konzepten als Deutsche. Sie entwickeln zwar mit großem Enthusiasmus Pläne, aber sie verlieben sich nicht in ihre Ideen. Wenn sie also ihren ursprünglichen Plan nicht mehr optimal finden, verwerfen sie ihn ohne großes Aufheben.

Ein Prototyp ist nach amerikanischem Verständnis kein voll funktionierendes Modell, sondern ein anfängliches Modell zum Experimentieren. Einen Erstentwurf baut man, um zu sehen, welche Probleme bei der Benutzung auftauchen.

Es kann vorkommen, dass Amerikaner Produkte auf den Markt bringen, die in deutschen Augen unfertig sind. Amerikanische Konsumenten können gut mit Qualitätslücken leben, wenn ein lächelnder Servicevertreter schnell und problemlos den Fehler behebt oder wenn das Produkt so preisgünstig ist, dass es einfach ersetzt wird, wenn es nicht mehr funktioniert. In der gleichen Situation wären Deutsche mit ihrem Qualitätsverständnis enttäuscht. Amerikaner kaufen gern neue Technologien und probieren sie aus. Deutsche warten eher, bis die »Kinderkrankheiten« überstanden sind.

In den USA kann jeder ohne berufliche Zulassungsbeschränkungen seine Geschäftsidee umzusetzen. Das bedeutet, dass sich viele Leute in Dingen versuchen, für die sie keine Ausbildung haben. »Learning by Doing« lautet die bekannte Devise. Gelingt es, liegt ein Reiz darin, mit der Idee viel Geld zu verdienen. Gelingt es nicht oder nicht auf Anhieb, haben freilich manchmal die Kunden das Nachsehen, denn Qualitätsstandards existieren oft nicht und erhöhte Vorsicht ist im Vorfeld angeraten.

Grundlegend für diesen Ansatz ist eine für Deutsche völlig ungewohnte Einstellung gegenüber Fehlern: Kinder werden von Eltern und Erziehern ermuntert, etwas einfach zu versuchen. Und dann sollen sie aus ihren Fehlern lernen, indem sie sie analysieren. (Deutsche Kinder sollen vorher nachdenken.) Und genauso machen es auch Erwachsene: Sie bemühen sich nicht, auf Anhieb alles richtig zu machen, sondern sind sich sicher, dass sie ihre Fehler sowieso finden werden und dann verbessern können. Auf dem Weg zu hoher Qualität setzen Amerikaner auf Kreativität, Innovation und Improvisation. Fehler gelten somit nicht als Zeichen schlechter Planung und Inkompetenz, sondern sozusagen als akzeptable Nebenwirkung. Man darf Fehler machen, aber es wird erwartet, dass man daraus lernt. Zweimal denselben Fehler zu machen, gilt als dumm. Das nächste Mal einen anderen Fehler zu machen, ist dagegen Teil des Lernprozesses. Auf Fehler mit Niedergeschlagenheit oder Rechtfertigungen zu reagieren, gilt normalerweise als übertrieben; der nächste Versuch könnte ja ein Treffer sein. – Die Rechtslage spiegelt das wider: Wer einmal in seinem Leben bankrott ging, ist fortan nicht in seinen Unternehmungen beeinträchtigt, sondern kann erneut ein Geschäft aufmachen.

Zusammenfassend lässt sich die vorherrschende Problemlösestrategie von Amerikanern also als eine Art experimentelle Beobachtung und Veränderung isolierter Faktoren charakterisieren. Dieses Vorgehen dient einer raschen Handlungsfähigkeit, bedingt aber einen geringeren Systemüberblick. Man lässt provisorische Entscheidungen zu, erstellt häufiger Zwischenbilanzen und zeigt eine höhere Veränderungsbereitschaft. Aktionsfähigkeit, flexible Anpassung, aber auch das »Verwässern« einer optimalen Lösung sind die Konsequenzen dieses Vorgehens.

Dennoch: Amerikaner arbeiten nicht planlos! Sie erstellen strukturierte Pläne mit Zielen und Unterzielen sowie Terminvorgaben. Um sich abzusichern und Informationen weiterzuleiten, werden in Firmen viele Vorgänge detailliert dokumentiert. Aus Memos und Notizen ist ersichtlich, wer wofür verantwortlich ist, welche Maßnahmen erfolgt oder geplant sind. Diese Art von Bürokratismus bildet einen starken Gegenpol zur allgemein präferierten schnellen Handlungsorientierung und zur Haltung des »Easy going« – genau wie die in den USA erfundenen Systeme von Revision und Zertifizierung.

■ Risiko

Amerikaner sind insgesamt risikofreudig. So sind sie in weit geringerem Umfang gegen die Risiken des alltäglichen Lebens versichert, das gilt für die private und staatliche Ebene. Sicherlich ist es so, dass sich manche keine Versicherungen leisten können, aber andere machen sich einfach keine Sorgen um viele Aspekte ihres Lebens. Optimismus prägt den Blick: Es wird schon nicht so schlimm werden. Deutsche tendieren eher zur Risikovermeidung, sie nehmen eher den schlimmstmöglichen Fall an. Unter diesem Vorzeichen ist es für einen deutschen Manager in einem amerikanischen Konzern extrem schwer, sich rechtfertigen zu müssen: Seine vielen guten Argumente will einfach niemand hören – »everything is possible«.

■ Veränderungen

Amerikaner erwarten Veränderungen, die für sie gleichbedeutend mit Leben sind. Änderung ist »Wachstum«. »What's new?« lautet ein Gruß. Veränderungen bergen Chancen in sich und so werden sie positiv gesehen – nicht als Stress, sondern als völlig normal.

Pläne schmieden ist für Amerikaner ein zeitaufwändiger, unnötiger Prozess. Deutsche Pläne erweisen sich in der US-Geschäftswelt daher immer wieder als hinderlich, unflexibel und unangemessen. Amerikaner tun einfach, was sie denken, dass sie tun sollten, um die Sache, an der sie arbeiten, voran zu bringen. Sie planen nicht so viel voraus wie Deutsche. Sie analysieren die Situation und fangen an: »Just do it« (so ein Werbespruch eines großen Sportartikelherstellers). Sie bewerten ihren Plan immer wieder neu und ändern ihn zwischenzeitlich wieder ab, wenn ihnen das passend erscheint. Ein Auswanderer formulierte das so: Wenn ein Plan geändert oder ein neuer Weg beschritten werden soll, sagen Amerikaner: »Warum nicht?« und wir Deutsche sagen: »Warum?«

Entscheidungsfindungsprozessen wird nicht nur weniger Zeit eingeräumt als in Deutschland, Entscheidungen und Vereinbarungen sind auch nicht so verpflichtend. Sie werden ebenfalls geändert, wenn sich die Situation geändert hat, neue Informationen zur Verfügung stehen, jemand eine bessere Idee hat oder Pläne nicht funktionieren. »Verlässlichkeit« meint, dass jemand das Ergebnis bringt, zu dem er sich verpflichtet hat, aber nicht, dass jemand exakt das tut, was er gesagt hat oder einen Plan genau einhält. Das Ergebnis gilt als versprochen, der Weg nicht.

Auch Individuen ändern sich stets. Es gibt viele Programme, um an sich zu arbeiten (»How to ... improve your vocabulary in 30 days«, »... make your marriage succeed«, »... become a better parent«). Darin liegt auch ein Grund, weshalb Amerikaner häufiger zu einem Psychotherapeuten gehen – sie glauben an die eigenen Veränderungsmöglichkeiten.

■ Mobilität

Darüber hinaus sind Amerikaner hochgradig mobil. Ihre »Frontier-Mentalität«, die Aufbruchsstimmung der Pioniere, ist bis heute lebendig. Amerikaner packen ihre Sachen und ziehen um, wenn sie denken, woanders die Möglichkeit zu einem besseren Leben zu haben. Sie verkaufen ihre Häuser, schulen die Kinder neu ein, suchen sich neue Freunde. Studenten bewerben sich an Universitäten quer durch die USA, und Rentner ziehen in klimatisch wärmere Regionen, wenn sie im Ruhestand sind. Firmen erwarten nicht, dass ihre Mitarbeiter Jahre oder gar Jahrzehnte für sie arbeiten, aber sie erwarten, dass sich jemand innerhalb der Firma für einen besseren Job bewirbt und auch deswegen umzieht. Aufgrund dieser Mobilität haben viele die Erfahrung, unter Umständen sogar mehrfach und in verschiedenen Lebensabschnitten, wie es einem als Neuling ergeht. Amerikanische Wohnungen erleichtern das Umziehen: Sie haben eingebaute Küchen, Waschmaschinen, Trockner und Schränke. Mieter müssen nicht renovieren, wenn sie ausziehen. Viele Wohngegenden verfügen über Einrichtungen, die es erleichtern, andere kennen zu lernen, zum Beispiel Nachbarschaftszentren (community center) oder Country Clubs. Da die Leute gern in andere Gegenden ziehen, sind die Preise für Immobilien instabiler als in Deutschland und eignen sich in den USA weniger als Kapitalanlage. In Firmen existieren Sammlungen von Handbüchern zu Abläufen, Regeln und Regelungen, weil Stellen oft neu besetzt werden und nicht viel Zeit für die Einarbeitung vorgesehen ist.

▪ Kulturelle Verankerung

Der Zusammenhang des Kulturstandards »Gelassenheit« mit dem Kulturstandard »Handlungsorientierung« liegt auf der Hand: Viele Einwanderer waren Händler, die keine Ahnung hatten, wie man Hütten baut und jagt. Gefahren lauerten mannigfach: kalte Winter, Krankheiten, feindselige Einheimische. Derartige Gegebenheiten verstärkten nicht den Hang zu Analyse und Reflexion, sondern forderten häufig sofortiges Handeln. Und allzu oft war man dabei gezwungen, mit Versuch und Irrtum zu arbeiten, weil man einfach nicht ausgebildet für das war, was unmittelbar notwendig war. Trotzdem war der Erfolg der vielen Einzelnen, die sich den Herausforderungen stellten, durchschlagend, wie auch der Aufstieg der USA von einer Kolonie zur führenden Weltmacht einzigartig ist. Dieses Muster wurde individuell und kollektiv permanent verstärkt und gehört zum festen Bestandteil amerikanischer Sozialisation: »shoot first, ask questions later«, »learning by doing«, »Hang zum Pragmatismus« lauten die Schlagworte. Man bewundert Menschen, die mit beiden Beinen fest auf dem Boden stehen und auf alles reagieren, was passiert.

Emigranten sind risikofreudig. Andere bleiben in ihrer vertrauten Umgebung. Nur wer mit Optimismus Risiken eingeht, hat gute Voraussetzung für den Aufbruch in eine neue Welt. Fast jeder europäischstämmige Amerikaner hat in seiner Familiengeschichte jemanden, der mittellos nach Amerika kam und später ein »gutes Leben« führte. Wenn auch der Weg »vom Tellerwäscher zum Millionär« nie der Wahrheit entsprochen hat, hat die Mehrzahl der Immigranten einen Lebensstandard in den USA erreicht, von dem sie in ihren Herkunftsländern nur träumen konnten. Das Wagnis des Neuanfangs hat sich für viele Auswanderer ausgezahlt, und diese Einstellung wurde den folgenden Generationen vermittelt: Risiko wird belohnt. So haben riskante Situationen bis heute für viele eine positive Ausstrahlung. Sie werden als Chance, Gelegenheit und Herausforderung gesehen.

Dass diese tradierten Erfahrungen dazu geführt haben, in erster Linie nach vorne zu blicken, vor allem an der Zukunft interessiert zu sein und Fortschritt uneingeschränkt gut zu heißen, ist leicht nachvollziehbar. Die Vergangenheit ist beendet, Geschichte ist nicht nur vergangen, sondern für viele uninteressant und geradezu überwunden. Wehe dem, der Amerikaner mit alten Traditionen beeindrucken will.

Plannerer

■ Themenbereich 4:
Leistungsorientierung

■ Beispiel 10: Ausbeutung?

■ Situation

Kopfschüttelnd erzählt ein deutscher Betriebsrat:»Gestern war ein unglaublicher Bericht im Fernsehen. Jeder weiß, wie Mitarbeiter in den USA ausgebeutet werden: hire and fire, also du darfst für uns schuften und wenn wir dich nicht mehr brauchen, bye-bye! Ich habe mich immer gewundert, dass die amerikanischen Gewerkschaften nicht darauf pochen, strengere Bestimmungen bezüglich Arbeitsplatzsicherheit einzuführen, und mir haben die Arbeitnehmer dort immer Leid getan. Aber in dem Bericht gestern ist mir ein Licht aufgegangen: Sie lassen sich ausbeuten! Sie haben Folgendes gezeigt: In einer Fabrik, die Küchengeräte herstellt, gab es zwei parallele Fließbänder – die Arbeiter an beiden Linien haben das gleiche Gerät montiert. Da haben sie LED-Zähler aufgestellt, dass die Leute sehen konnten, wie schnell sie bzw. die andere Linie gearbeitet hat. Das ist offensichtlich ein Druckmittel, sie zu schnelleren Leistungen anzuspornen. So etwas würden wir hier nie zulassen. So, und nun haben sie im Film gezeigt, wie die Leute darauf geschaut und gelacht haben! Und Arbeiter an anderen Fließbändern haben sogar gefragt, ob es bei ihnen nicht auch möglich wäre, so ein Ding aufzustellen! Das ist nicht zu fassen! Dass sie nicht durchblicken, was für eine Taktik das ist! Kein Wunder, dass die Amis, was Arbeitnehmerschutz angeht, so rückständig sind!«

Wieso lassen sich die amerikanischen Kolleginnen und Kollegen das bieten?

– Lesen Sie nun die Antwortalternativen nacheinander durch.

– Bestimmen Sie den Erklärungswert jeder Antwortalternative für die gegebene Situation und kreuzen Sie ihn auf der darunter befindlichen Skala an. Es ist möglich, dass mehrere Antwortalternativen den gleichen Erklärungswert besitzen.

■ Deutungen

a) Amerika ist eine »hire-and-fire«-Gesellschaft. Die Mitarbeiter haben so sehr Angst, ihre Arbeit zu verlieren, dass sie sich auch gegen derart repressive Maßnahmen nicht wehren.

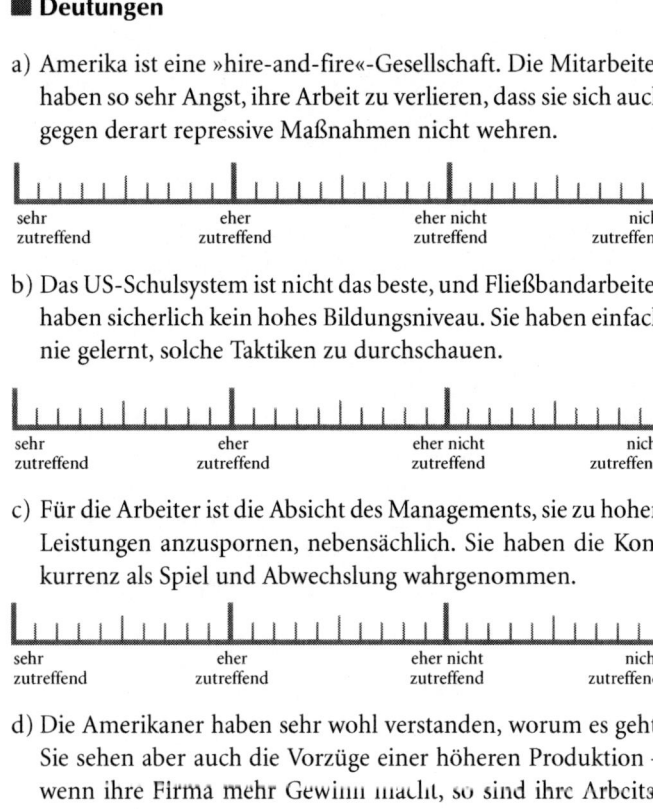

sehr zutreffend	eher zutreffend	eher nicht zutreffend	nicht zutreffend

b) Das US-Schulsystem ist nicht das beste, und Fließbandarbeiter haben sicherlich kein hohes Bildungsniveau. Sie haben einfach nie gelernt, solche Taktiken zu durchschauen.

sehr zutreffend	eher zutreffend	eher nicht zutreffend	nicht zutreffend

c) Für die Arbeiter ist die Absicht des Managements, sie zu hohen Leistungen anzuspornen, nebensächlich. Sie haben die Konkurrenz als Spiel und Abwechslung wahrgenommen.

sehr zutreffend	eher zutreffend	eher nicht zutreffend	nicht zutreffend

d) Die Amerikaner haben sehr wohl verstanden, worum es geht. Sie sehen aber auch die Vorzüge einer höheren Produktion – wenn ihre Firma mehr Gewinn macht, so sind ihre Arbeitsplätze sicherer.

sehr zutreffend	eher zutreffend	eher nicht zutreffend	nicht zutreffend

– Versuchen Sie, Ihre Einstufung zu jeder Antwortalternative zu begründen. Halten Sie die Begründung in schriftlicher Form stichpunktartig fest.

– Lesen Sie nun die Erläuterungen zu jeder Antwortalternative durch und vergleichen Sie diese mit Ihren eigenen Begründungen.

■ Bedeutungen

Erläuterung zu a):
Diese Einschätzung ist unwahrscheinlich. Wenn offensichtlich repressive Maßnahmen eingeführt werden, reagieren Amerikaner ähnlich wie Deutsche: einige resignieren, einige sind verängstigt, die Mehrzahl ist verärgert. Selbst wenn sie unter Zwang mitmachen würden, würden sie dies nicht mit gespielter Begeisterung tun.

Erläuterungen zu b):
Diese Einschätzung ist nicht ganz von der Hand zu weisen. In den USA gibt es keine zentralen Lehrpläne der Kultusministerien wie in Deutschland. Den Schulen ist wenig vorgegeben – manche erreichen ein sehr hohes Niveau, andere nicht. Nichtsdestotrotz haben amerikanische Schüler in jedem Bereich der PISA-Studie besser abgeschnitten als deutsche, man sollte also keine voreiligen Schlüsse ziehen! Die Wahrscheinlichkeit ist zwar hoch, dass die Mehrzahl der Fließbandarbeiter über einen niedrigen Schulabschluss verfügt. Das hat jedoch wenig damit zu tun, ob die Arbeiter derartige Managementtaktiken durchschauen. Eher ist es sogar so, dass in den letzten Jahren vor allem die miserablen Arbeitsbedingungen in einigen großen Discountketten das Bewusstsein für harte Praktiken des Niedriglohnsektors geschärft haben. Gerade Arbeiter in solchen Jobs wissen am besten, was Arbeitgeber ihnen zumuten.

Erläuterungen zu c):
Mit dieser Antwort haben Sie die Lösung. Bereits in den Schulen wird zu Leistung auf genau diese Weise angespornt: Listen von Schülern mit den besten Noten (»honor roll«) hängen am schwarzen Brett in der Schule. Konkurrenz im Sport steht hoch im Kurs und wird von den Schulen gefördert. Amerikaner lernen,

Wettbewerb als Spaß und Konkurrenz als Ansporn zu verstehen. Wenn man einmal nicht gewinnt, ist dies keine Niederlage, sondern Motivation, es beim nächsten Mal besser zu machen. Die Arbeiter in der Fertigung haben sich gefreut, dass die Eintönigkeit ihrer Routine unterbrochen wurde.

Erläuterungen zu d):
Auch wenn manche Amerikaner bereit sind, sogar Nachteile in Kauf zu nehmen, um den eigenen Arbeitsplatz zu sichern, würden sie das nicht mit Begeisterung tun. Unter den gegebenen Umständen schon gar nicht. Erst wenn das Management klargestellt hätte, dass ein höherer Gewinn tatsächlich Arbeitsplätze erhalten würde, könnte diese Haltung zutreffen. Denn es gibt genügend Gegenbeispiele von Firmen, die ihre Produktion trotz hoher Gewinne ins Ausland verlagert haben.

◼ Beispiel 11: Personalauswahl

◼ Situation

Silke Kammerer arbeitet als Managerin in der Marketing- und Vertriebsabteilung eines großen deutschen Medizingeräteherstellers, der vor einiger Zeit eine kleinere Firma in den USA gekauft hat. Es wurde schon damals beschlossen, das amerikanische Marketingteam in Atlanta vorläufig weiter in der gewohnten Weise arbeiten zu lassen – die Amerikaner kennen ihren Markt und die erfolgreichen Strategien. Aber natürlich möchte das deutsche Stammhaus Einblick gewinnen und zu diesem Zweck wird Frau Kammerer nach Atlanta geschickt. Ihr offizieller Auftrag ist vorerst, in der Administration tätig zu sein; ihre eigentliche Aufgabe besteht aber darin zu beobachten, wie die Abläufe funktionieren und Verkaufsstrategien angewendet werden. Da die amerikanische Tochter nun zusätzlich auch deutsche Geräte der Mutterfirma vermarkten soll, muss dazu ein neues Team aufgebaut werden. Frau Kammerer will mit einigen amerikanischen Kollegen die Bewerbungsgespräche führen. Sie sichtet die Bewerbungsmappen und legt ihre Wunschkandidaten fest. Einige Lebensläufe weisen Lücken auf, für die keine Tätigkeit nachgewiesen werden. Solche Bewerbungen legt sie gleich beiseite. Bei den übrigen Bewerbern schaut sie auf die Ausbildung, denn in dem neuen Team werden Mitarbeiter mit medizinisch-technischem Hintergrund wie auch Marketingspezialisten gebraucht. Sie wundert sich allerdings darüber, dass manche Bewerber Unterlagen einreichen, obwohl sie weder betriebswirtschaftliche noch medizintechnische Kenntnisse haben.

Frau Kammerer staunt noch mehr, als sie die Wunschlisten der amerikanischen Kollegen sieht. Diese sind zwar untereinander nicht identisch, aber mit etlichen, für sie auffälligen Übereinstimmungen: Es sind sehr oft gerade die Kandidaten, die sie beiseite gelegt hat! Sie geht noch einmal die Lebensläufe der Wunschkandidaten ihrer amerikanischen Kollegen durch. Alle berichten über berufliche Erfolge in den letzten Jahren, aber nur wenige haben die gewünschte Qualifikation für die ausgeschriebenen Stellen. Frau Kammerer ist besorgt.

Wie erklären Sie die unterschiedliche Herangehensweise von Frau Kammerer und ihren amerikanischen Kolleginnen und Kollegen bei der Auswahl der Kandidaten?

– Lesen Sie nun die Antwortalternativen nacheinander durch.
– Bestimmen Sie den Erklärungswert jeder Antwortalternative für die gegebene Situation und kreuzen Sie ihn auf der darunter befindlichen Skala an. Es ist möglich, dass mehrere Antwortalternativen den gleichen Erklärungswert besitzen.

■ Deutungen

a) Die amerikanischen Kollegen haben »schnell und schlampig« gearbeitet. Ihnen sind die von Frau Kammerer realisierten Details entgangen, weil sie die Bewerbungsunterlagen nicht mit der nötigen Sorgfalt gelesen haben.

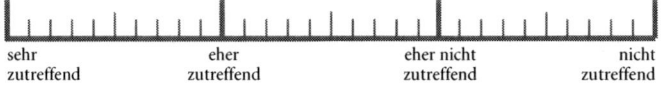

| sehr | eher | eher nicht | nicht |
| zutreffend | zutreffend | zutreffend | zutreffend |

b) Frau Kammerers Kriterien (lückenloser Lebenslauf, passender Ausbildungsabschluss usw.) sind nicht die der amerikanischen Kollegen. Sie haben eher aufgrund der Leistung der Kandidaten in den letzten Jahren geurteilt.

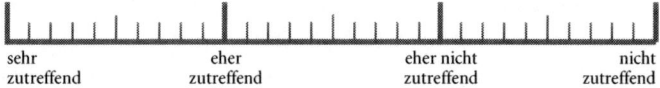

| sehr zutreffend | eher zutreffend | eher nicht zutreffend | nicht zutreffend |

c) Verkäufer sind in den USA oft keine Fachexperten. Sie werden wegen ihrer Fähigkeiten im Verkauf ausgewählt, nicht wegen ihres Fachwissens. Die Wunschkandidaten der Amerikaner konnten alle gute Ergebnisse im Vertrieb vorweisen.

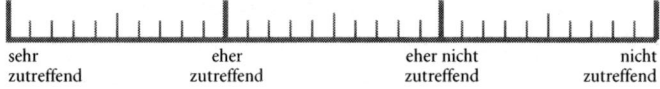

| sehr zutreffend | eher zutreffend | eher nicht zutreffend | nicht zutreffend |

d) In den USA kommt es oft vor, dass Leute in gehobenen Positionen versuchen, Freunden oder Angehörigen Stellen zu verschaffen. Die amerikanischen Kollegen haben sich gegenseitig gebeten, gewisse Kandidaten auszuwählen.

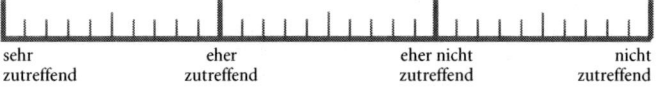

| sehr zutreffend | eher zutreffend | eher nicht zutreffend | nicht zutreffend |

– Versuchen Sie, Ihre Einstufung zu jeder Antwortalternative zu begründen. Halten Sie die Begründung in schriftlicher Form stichpunktartig fest.
– Lesen Sie nun die Erläuterungen zu jeder Antwortalternative durch und vergleichen Sie diese mit Ihren eigenen Begründungen.

■ Bedeutungen

Erläuterung zu a):

Es ist tendenziell wahr, dass Deutsche schriftlichen Unterlagen mehr Beachtung schenken, als dies unter Amerikanern der Fall ist. Es gibt jedoch keinen Grund anzunehmen, dass in diesem Fall alle Amerikaner etwas übersehen hätten.

Erläuterungen zu b):
Diese Einschätzung ist richtig. Im Englischen gibt es nicht einmal einen Ausdruck für »lückenloser Lebenslauf«. Lebensläufe werden manchmal sogar ohne Datumsangaben geschrieben, um der Möglichkeit einer etwaigen Diskriminierung aufgrund des Alters vorzubeugen.

Abgesehen von geschützten Berufstiteln haben Abschlüsse und Diplome im Berufsleben weniger Gewicht als in Deutschland. Manche Berufsbilder sind nicht einheitlich definiert, so dass man den Beruf entweder aufgrund einer einschlägigen Ausbildung oder allein durch seine Erfahrung auf diesem Gebiet ausüben kann. Auch wenn ein Kandidat das richtige Diplom hat, ist dies oft keine Gewähr dafür, dass er die erforderlichen Kenntnisse mitbringt. Die Universitäten und Fachhochschulen in den USA unterscheiden sich sehr im Niveau. Deswegen erwähnen Amerikaner oft nicht nur, was sie studiert haben, sondern auch, wo sie studiert haben.

Dagegen haben vor allem die aktuellen Leistungen einer Person und die der jüngsten Vergangenheit wesentliche Bedeutung für die Beurteilung. Da Amerikaner an das Prinzip »Learning by Doing« glauben, ist es für sie oft wichtiger, einen motivierten und engagierten Leistungsträger in ihren Reihen zu haben, als jemanden mit der genau richtigen Ausbildung. Zudem sind Amerikaner insgesamt sehr gegenwarts- und zukunftsorientiert. Was weit zurückliegt, ist also selten von Interesse.

Erläuterungen zu c):
Diese Antwort ist ebenfalls richtig. Amerikaner betrachten den Verkauf als ein Arbeitsfeld, das besondere persönliche Fähigkeiten erfordert, etwa den besonderen Nutzen für den Kunden ersichtlich zu machen und für das Produkt zu begeistern. Experten, die nicht aus dem Verkauf kommen, können sicherlich Produktdetails beschreiben und technische Fragen beantworten, aber nicht unbedingt gut verkaufen. Entsprechendes hört man von Amerikaner über deutsche Vertriebsmitarbeiter und umgekehrt sind Deutsche oft unzufrieden mit der Produktberatung in den USA, weil sich die Verkäufer in technischen Details eben nicht so gut auskennen.

Erläuterungen zu d):

Mit dieser Einschätzung liegen Sie falsch. Eben weil die amerikanische Gesellschaft eine Leistungsgesellschaft ist, ist es verpönt, Stellen durch Beziehungen zu besetzen. Selbst wenn dem so ist, was natürlich auch vorkommt, würde ein solches Vorgehen nie so offen gehandhabt werden, dass sich Kollegen untereinander absprechen würden.

■ Lösungsstrategie

Frau Kammerer ist ein einfacher Rat zu geben: Sie sollte die Personalauswahl ihren amerikanischen Kollegen überlassen. Sie können sicherlich besser beurteilen, wer für den amerikanischen Markt der am besten geeignete Kandidat ist. Es kommt auf das kulturelle Umfeld an, wie sich ein Bewerber präsentiert und welche Kriterien für die Entscheidung herangezogen werden. Ein neuer Mitarbeiter oder eine neue Mitarbeiterin sollte in der Kultur des Landes weitgehend zu Hause sein, in dem er oder sie vertrieblich tätig ist, das gilt auch für eine angenehme Atmosphäre unter den Kolleginnen und Kollegen im Team. Frau Kammerer wird als Ausländerin nur schwerlich die richtige Personalauswahl treffen können.

Wenn es allerdings Anforderungskriterien gibt, die Frau Kammerer aus deutscher Sicht einbringen muss, weil die gesuchte Person beispielsweise intensiv an der Schnittstelle zur deutschen Stammfirma arbeitet und deshalb über bestimmte Verhaltensweisen, Einstellungen und Qualifikationen verfügen muss, um auch in der Zusammenarbeit mit Deutschen erfolgreich sein zu können, dann darf und soll sie ihre Kriterien formulieren, mit ihren amerikanischen Kollegen besprechen und in geeigneter Weise in den Anforderungskatalog aufnehmen.

▓ Beispiel 12: Mutterliebe

▓ Situation

Marion Ehrt ist unglücklich in New York. Ihr Mann wurde vor
einem Jahr dorthin versetzt. Da ihre Kinder noch sehr klein sind
und Frau Ehrt deshalb nicht arbeitet, hat die Familie das Angebot
wahrgenommen, zumal damit ein Karrieresprung für Herrn Ehrt
verbunden ist. In ihrer Nachbarschaft wohnen Ingenieure, Anwäl-
te und andere Leute mit angesehenen und gut bezahlten Jobs. Die
Nachbarn sind immer ganz nett. Sie kennt sie, weil man sich im
Sommer ab und zu gegenseitig eingeladen hat. Nur so richtig vertraut wird Marion Ehrt mit keiner der Nachbarinnen. Ihr fällt auf,
wie viele der Frauen arbeiten – auch die mit sehr kleinen Kindern.
Sie tun das offensichtlich nicht aus finanziellen Gründen, denn
ihre Kinder werden von Nannys gehütet, die sicherlich gut bezahlt
werden. Selbst die Mütter, die nicht arbeiten, lassen ihre Kinder
von anderen betreuen und widmen sich ehrenamtlichen Aufgaben
mit einer besonderen Hingabe. Das alles stört sie nicht, jede soll
ihre Kinder erziehen, wie sie es für richtig hält – nur, worüber kann
man sich mit diesen Frauen unterhalten? Die Berufstätigen haben
kaum Zeit. Und auch die anderen sind ständig eingespannt, entweder mit ihren Ehrenämtern oder damit, ihre Kinder zu Sport-
aktivitäten, zum Musikunterricht oder anderen Freizeitaktivitäten
zu chauffieren. Wenn sie sich mit ihnen trifft, sind sie genau wie
ihre Männer: Sie reden fast ständig von ihrer Arbeit. Und wenn die
Kinder Thema sind, dann geht es darum, in welchen Kindergarten
man sie am besten schicken sollte, damit sie nachher in eine exklu-
sive Schule kommen oder welche Fähigkeiten man in welchem
Alter fördern sollte. Wenn sie Kindergeburtstage veranstalten, hat
keine von diesen Müttern Zeit, die Feier selbst zu organisieren,
sondern sie beauftragen eine Firma. Keine dieser Mütter scheint
für ihre Kinder einfach da zu sein und den Umgang mit ihnen zu
genießen. Marion Ehrt fehlt die menschliche Wärme.

Wie erklären Sie sich das Verhalten der Frauen in Ehrts Nachbarschaft?

– Lesen Sie nun die Antwortalternativen nacheinander durch.

– Bestimmen Sie den Erklärungswert jeder Antwortalternative für die gegebene Situation und kreuzen Sie ihn auf der darunter befindlichen Skala an. Es ist möglich, dass mehrere Antwortalternativen den gleichen Erklärungswert besitzen.

■ Deutungen

a) Die Auswüchse der Frauenbewegung in den USA haben dazu geführt, dass Frauen ihre weibliche Rolle ablehnen und weniger enge Beziehungen zu ihren Kindern haben als wir das aus Deutschland kennen.

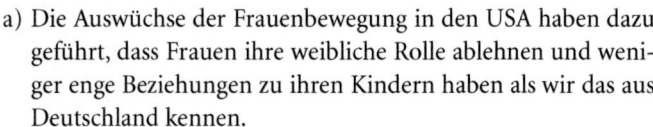

sehr	eher	eher nicht	nicht
zutreffend	zutreffend	zutreffend	zutreffend

b) Die Frauen finden Gefallen daran, immer aktiv zu sein und wollen, dass ihre Kinder auch so erzogen werden.

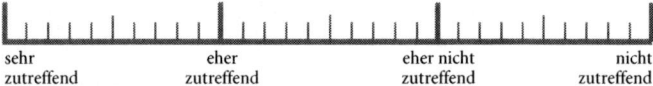

sehr	eher	eher nicht	nicht
zutreffend	zutreffend	zutreffend	zutreffend

c) Die amerikanische Vorstellung von mütterlicher Fürsorge unterscheidet sich deutlich von der in Deutschland.

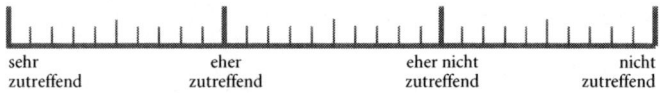

sehr	eher	eher nicht	nicht
zutreffend	zutreffend	zutreffend	zutreffend

d) Frau Ehrt hat Pech gehabt. Sie ist einfach am falschen Ort und in der falschen Gegend. Woanders würde sie eher Frauen finden, die Freundinnen werden könnten.

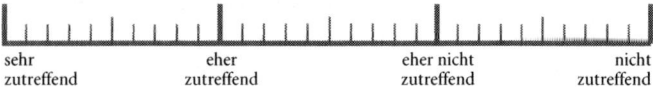

sehr	eher	eher nicht	nicht
zutreffend	zutreffend	zutreffend	zutreffend

– Versuchen Sie, Ihre Einstufung zu jeder Antwortalternative zu begründen. Halten Sie die Begründung in schriftlicher Form stichpunktartig fest.
– Lesen Sie nun die Erläuterungen zu jeder Antwortalternative durch und vergleichen Sie diese mit Ihren eigenen Begründungen.

■ Bedeutungen

Erläuterung zu a):

Diese Einschätzung amerikanischer Frauen trifft nicht zu. Im Gegenteil: seit den 1970er Jahren, in denen die amerikanische Frauenbewegung die Massen erreicht hat, sind die familiären Beziehungen deutlich enger geworden. Eltern und Kinder verbringen mehr Zeit miteinander und haben ein vertrauteres Verhältnis. Während es vor einer oder zwei Generationen üblich war, dass ältere Teenager sich dem Einfluss ihrer Eltern entzogen haben, ist dies heute in weißen Mittel- und Oberschichtfamilien kaum noch zu beobachten.

Erläuterungen zu b):

Diese Ansicht ist treffend. Amerikaner sind unternehmungslustig und sehr aktiv. Nichts in der amerikanischen Kultur betont besinnliches Zurücklehnen und Nachdenken. Bewegung und Action sind gleichbedeutend mit dem Leben schlechthin. Man könnte sogar sagen: Europäer definieren sich durch das, was sie *sind*, Amerikaner durch dass, was sie *tun*. Amerikanische Eltern freuen sich, wenn ihre Kinder aktiv und engagiert sind. Zum einen sehen sie das als wichtig für deren Weiterkommen an; zum anderen zeigt sich darin die Kunst, das Leben zu genießen. Die Attraktivität eines aktiven Lebens gilt für alle Altersstufen, selbst Senioren versuchen, stets aktiv zu sein.

Erläuterungen zu c):

Auch diese Aussage trifft zu. Die Vorstellung, eine Mutter habe in den ersten Lebensjahren ständig bei ihren Kindern zu sein, gibt es so nicht. Mütter sollen zwar immer für ihre Kinder da sein, aber nicht im Sinne physischer Präsenz. Entsprechend wird es überhaupt nicht als für das Kind nachteilig angesehen, es in die Obhut anderer zu geben. Den Ausdruck »Rabenmutter« gibt es im Englischen nicht.

Erläuterungen zu d):

Auch diese Aussage gilt. Vor allem in den Südstaaten ist die Vorstellung von Familienleben und Mutterschaft eher eine, die Marions Vorstellungen entsprechen würden: »Mom« ist am besten zu Hause bei den Kindern, kocht und backt und sorgt für ein gemütliches Heim. Die Menschen hier scheinen auch ausgeglichener als in den Metropolen des Nordens und verbringen mehr Zeit mit nachbarschaftlichen Kontakten. Marion Ehrt hat das Pech, dass sie ausgerechnet in New York gelandet ist. Gerade die Staaten im Nordosten wurden von britischstämmigen Calvinisten gegründet und deren kultureller Einfluss, insbesondere das ehrgeizige Streben nach Fortkommen, ist dort immer noch stark zu spüren.

■ Lösungsstrategie

Frau Ehrt wird die Amerikanerinnen nicht ändern können. Sie kann nur ihr eigenes Leben gestalten. Entweder sie wagt es, gegen den Trend ihr eigenes Leben fortzuführen – dann wäre ihr abzuraten, die amerikanischen Frauen weiter so kritisch zu beurteilen. Damit zerstört sie nur die schmale gemeinsame Basis, die es doch gibt. Das Motto hieße dann: Leben und leben lassen. Oder sie nimmt das Leben dieser Frauen als Reflexionsanstoß für sich: Könnte sie nicht, zumindest manchmal, auch ein solches Leben ausprobieren? Vielleicht gefällt es ihr und ihren Kindern und sie alle machen neue, bereichernde Erfahrungen. Zudem würde sie sich damit nicht so sehr als Außenseiterin fühlen und auch die Chance erhöhen, andere kennen zu lernen, Kontakte zu knüpfen und Freundschaften zu schließen.

■ Kulturelle Verankerung von »Leistungsorientierung«

Erfolg ist in amerikanischen Augen nicht nur möglich, sondern Ehrgeiz und Leistung sind in der für das Wirtschaftsleben noch immer gültigen Mainstream-Kultur geradezu geboten. Faulheit gilt hingegen als »sündhaftes« Übel. Man muss den Erfolg zumindest wollen und versuchen, erfolgreich zu sein. Gelingt der Erfolg jemandem nicht, wird ihm das nachgesehen. Unnachsichtig behandelt wird dagegen jemand, der sich nur ein »bequemes« Leben macht. Zugespitzt formuliert gilt: Die Erfolgreichen verdanken den Erfolg ihrem leistungsorientierten Lebenswandel, die Erfolglosen den Misserfolg überwiegend ihrer mangelnden Selbstdisziplin.

■ Bedeutung für die Identität

Leistung ist dabei für die eigene Identität wie auch für die Bewertung anderer von allergrößter Bedeutung. Gut und hart zu arbeiten, ist Selbstzweck. Amerikaner definieren sich selbst durch das, was sie leisten. Ihre Leistung ist ihnen Ziel und Mittel der Selbsteinschätzung. Wer Respekt ernten will, widmet sich sorgfältig seinen Zielen. Diejenigen, die das nicht machen (und es gibt durchaus viele davon), gewinnen eben die Bewunderung der anderen nicht und gelangen nicht an die Spitze. Wie immer man in anderen Lebensfeldern da steht, bezogen auf Beruf und Arbeit möchte man anerkannt sein. Die Selbstachtung lässt es eher zu, eine schlechte Tochter oder ein nachlässiger Freund zu sein. Der Selbstwert hängt von der erbrachten Leistung ab. Je erfolgreicher jemand ist, umso mehr dreht sich dessen Leben nur um die Arbeit. Dabei konkurriert man nicht nur mit anderen, sondern versucht sich selbst fortlaufend zu verbessern, sei es im Sport oder beim Geldverdienen. Für Amerikaner sind Statussymbole Ausdruck und Beweis individueller Tüchtigkeit und Vergleichsmaßstab mit anderen. Amerikaner stellen stolz die Früchte ihrer Anstrengungen zur Schau, Respekt und Anerkennung dafür wird ihnen neidlos gezollt.

Im Beruf sind Leistungsbewertungen und entsprechende Rückmeldungen essenziell. Zum Basiswerkzeug eines Managers gehört es, Feedback zu geben und die Mitarbeiterinnen und Mitarbeiter zu motivieren – und zwar doch permanentes Loben und Betonen der erzielten Erfolge – selbst für die Erfüllung der normalen Aufgaben, für die jemand eingestellt ist und bezahlt wird. Kommt man als Arbeitnehmer mit seiner Arbeit in Verzug oder gibt es ein Sonderprojekt, dann ist es selbstverständlich, dass man abends länger bleibt oder am Wochenende arbeitet. Die Zeit, die man in der Firma verbringt, ist ein Maßstab für das berufliche Engagement.

Bei Verhandlungen sind Amerikaner harte Partner, die vor allem versuchen, das eigene Ergebnis zu optimieren. Es ist eher sekundär, ob eine für beide Seiten gute Lösung gefunden wird. Die Leistungsfähigkeit ist stets unter Beweis zu stellen, ein Ausruhen auf Lorbeeren gibt es nicht. Was jemand studiert hat und mit welchem Erfolg, interessiert höchstens am Rande, wenn das Studium länger zurückliegt.

Andererseits darf auch derjenige, der gescheitert ist und daraus gelernt hat, auf erneute Chancen hoffen, denn das Engagement und die Hoffnung auf den künftigen Erfolg zählen. Wenn also zwischen Arbeitgeber und Arbeitnehmer nur die Leistung zählt, nicht die Person, dann klingt das zwar hart, doch mit der gleichen Nüchternheit eröffnen sich Aufsteigern Chancen. Und sich in einer Beförderungsspirale zu befinden, kann bedeuten, alle paar Jahre eine neue Aufgabe zu übernehmen. Das Verhalten amerikanischer Manager ist stark auf ihren eigenen Erfolg hin ausgerichtet. Solange sich dieser mit den Unternehmenszielen deckt, ist das prima. Um das zu unterstützen, sind die Gehälter oft an den Aktienkurs angekoppelt. Besonders bewundert werden Leute, die ihre Ziele selbstbewusst und durchsetzungsstark verfolgen, dabei aber immer das Fairplay einhalten. Übrigens hat körperliche Arbeit in den USA ein besseres Image als in Deutschland. Hinsichtlich der Berufswahl richten sich so auch viele Amerikaner eher nach der Höhe der Entlohnung als nach dem Prestige des Berufs – in vielen Fällen bestimmt die Höhe der Entlohnung schlicht das Prestige des Berufs.

Um erfolgreich sein zu können, sind Amerikaner besonders risikobereit (vgl. Kulturstandard »Gelassenheit«). Wenn man überzeugt ist, dass sich ein Geschäft lohnt und die Erfolgsaussichten ausreichend groß sind, wird eher ein Risiko eingegangen als auf das Geschäft verzichtet. Entsprechend häufig werden Firmen neu gegründet, aber auch geschlossen, und die berufliche Mobilität ist enorm.

■ Feedback

Um zu wissen, wo man steht, verlässt man sich auf das kontinuierliche Feedback der anderen. Amerikaner loben schnell, verteilen leicht Komplimente und sie erwarten das auch von anderen. Hat man als Arbeitnehmer eine besondere Leistung erbracht, will man gelobt werden und auch ein sichtbares Zeichen der Anerkennung erhalten: einen Sonderparkplatz, ein kleines Geschenk, eine neue Aufgabe, einen besser klingenden Titel, eine Gehaltserhöhung oder einen anderen Bonus. Man liebt es, als Bester herausgehoben zu werden.

Gibt es kein positives Feedback, ist das ein Zeichen dafür, dass etwas *nicht* in Ordnung ist. (Deutsche folgen der umgekehrten Logik: Nichts gesagt ist des Lobes genug.) Ein Manager, der kein (positives) Feedback gibt, ist ungeeignet. – Übrigens: Auch Mitarbeiter äußern sich durchaus einmal lobend über ihren Chef und machen ihm oder ihr Komplimente.

Amerikaner gehen davon aus, dass Leistung messbar ist und dass sich beruflicher Erfolg quantifizieren und dokumentieren lässt: Anzeigetafeln, Bestsellerlisten, TV-Quoten, IQ-Werte usw. sind beredte Zeugnisse dieser Einstellung. Kritische deutsche Stimmen formulieren das so: Man orientiert sich an Zahlen statt an Inhalten, an Quantität statt an Qualität. Das wichtigste Erfolgskriterium ist dabei der Wohlstand, den sich jeder erarbeitet – schließlich wähnt man sich ja in einer Gesellschaft, in der Klassenschranken für gering erachtet oder geleugnet werden. Und die Indikatoren heißen: Einkommenshöhe, Wohnviertel, Qualität der Schule für die Kinder oder die Größe des eigenen Hauses. Wohlstand ist der wichtigere Maßstab für den Status einer Person als Herkunft, Bildung und Stil.

Neid ist wenig verbreitet. Vielmehr werden Gewinner bewundert und man nimmt ihr Beispiel als Ansporn. Einzelgänger, die alle Hindernisse überwinden, um letztlich erfolgreich zu sein, sind oft Leitmotiv in Spielfilmen. »Wir sind die Nummer eins« ist ein beliebter Slogan in der Werbung, der auch das Image als attraktiver Arbeitgeber befördert. Es hat einen hohen Anreiz, für eine Firma zu arbeiten, die als Nummer eins gilt. Bietet sich die Gelegenheit, für eine solche Firma zu arbeiten, übersteigt das die Loyalität zu der Firma, bei der man gerade beschäftigt ist.

Die Kehrseite der Medaille ist: Die meisten Amerikaner stehen unter hohem Leistungsdruck, arbeiten hart, verdienen wenig, haben wenig Urlaub und sind stets der Gefahr ausgesetzt, entlassen zu werden oder sich gegen jüngere, besser ausgebilde-te, mobilere Kollegen und Konkurrenten nicht mehr behaupten zu können. Immer wieder beobachtete negative Begleiterschei-nungen zeigen sich beispielsweise darin, aus Angst Fehler zu vertuschen oder sensible Informationen für sich zu behalten. Aufgefangen werden kann diese Kehrseite der extremen Wettbe-werbsorientierung durch Fairplay und Chancengleichheit für einen Neuanfang auch für ältere Arbeitnehmer (vgl. Kulturstan-dard »Gleichheit«) sowie durch das verbreitete soziale Engage-ment für (vorübergehend) Benachteiligte (vgl. Kulturstandard »Individualismus«).

■ Wettbewerb

Amerikaner lieben den Wettbewerb, denn er eröffnet die Mög-lichkeit, Leistungen zu vergleichen. Nur wer sich mit anderen misst und sich dem Wettbewerb stellt, so die Logik, kann gewin-nen. Leistungs- und Wettkampfdenken ist im Beruf wie im Pri-vat- und Freizeitbereich akzeptiert und bestimmend: Wettbe-werb führt zu den besten Ergebnissen, Wettbewerb macht Spaß, Erfolg, Lob und Belohnung geben Selbstvertrauen. »Der Mitar-beiter des Monats« und Bonuszahlungen sind dafür genauso be-redte Beispiele wie »Kuchenbackwettbewerbe«. Verlieren wird abgefedert durch die Überzeugung, dass man aus Fehlern lernt und die jetzige Erfahrung somit nützlich ist (»If you don't suc-ceed at first, try, try and try again!«; vgl. Kulturstandard »Gelas-senheit«). Die Regeln des Fairplay gebieten es zudem, mit An-stand zu verlieren.

Kinder werden von ihren Eltern dazu ermutigt, eine ausge-prägte Wettbewerbsorientierung zu entwickeln und entsprechen-de Sportarten zu treiben. Die »honor roll« – die Liste der Studen-ten mit den besten Noten – wird jedes Semester ausgehangen. Man veranstaltet nationale Wettbewerbe während der Schulaus-bildung. So weiß jeder, in welchem Segment der Gesellschaft er oder sie sich im Vergleich zu anderen bewegt.

Das Arbeitsleben ist durch ein permanentes Nebeneinander von Kooperation und Konkurrenz geprägt. Für Teamarbeit kann das beispielsweise heißen, parallel zu arbeiten und dann zu vergleichen.

◼ Materialismus

Wie bereits deutlich geworden ist, schätzen Amerikaner Geld sehr. Profit ist nicht unanständig. Der Ruf, materialistisch zu sein, trifft tatsächlich eine der wichtigsten Einstellungen der Amerikaner. Der Erfolg einer Person wird an der Einkommenshöhe gemessen, wie jemand sein Geld verdient, ist oft sekundär. Glück ist für viele über ihren materiellen Besitz definiert: Man will ein größeres Haus kaufen, in einer besseren (und damit teureren) Nachbarschaft leben oder der neuesten Mode frönen. Einkaufen an sich gilt vielen als Sport und Unterhaltung. Junge Leute haben das Ziel, viel Geld zu verdienen und wählen ihren Beruf entsprechend. Natürlich gilt diese Einstellung auch für andere Gesellschaften, aber Amerikaner reden darüber ganz offen und hemmungslos. Hat jemand ein gutes Geschäft gemacht, gibt er mit seinem Verhandlungsgeschick an. Privateigentum ist unantastbar und Privatbesitz gilt als wesentliches demokratisches Grundrecht. Vorstellungen von Gemeineigentum und entsprechende politische Weltanschauungen hatten und haben in den USA kaum Anhänger.

◼ Kulturelle Verankerung

Sucht man nach Erklärungen für diese ausgeprägte Leistungsorientierung, dann dürften die Grundwerte protestantische sein: Die Bewunderung harter Arbeit und die Erfüllung durch Arbeit ist Teil der puritanischen Ethik.

Während die katholische Kirche materiellen Wohlstand und Reichtum eher als abträglich für das menschliche Leben verurteilte, veränderten die Protestanten nach der Reformation die Einstellung zu Arbeit und Wohlstand fundamental. Luther propagierte, auch Arbeit adele, nicht nur das Gebet. Calvin spitzte noch weiter zu: Der weltliche (und materielle) Erfolg eines Menschen sei ein Zeichen, von Gott erwählt und im Besitz von seiner

Gnade zu sein. Der weltliche Erfolg ist demnach mit hohem Ansehen verbunden, ist doch daran die Gottgefälligkeit des eigenen Lebens abzulesen. Ein solches Weltbild entfacht eine enorme Dynamik, denn jeder Einzelne muss sich und den anderen beweisen, zu den Auserwählten zu gehören. Nach erreichtem Erfolg aber aufzuhören, wäre ein Verstoß gegen die Bedürfnisse der Gemeinde, denn es gibt immer noch viel zu tun.

Die Überfahrt der Mayflower wurde von einer Gruppe wohlhabender englischer Kaufleute finanziert, die vom schnellen Reichtum träumten. Die Puritaner, die sich in Plymouth Rock niedergelassen hatten, waren englische Calvinisten, die jeden ausschlossen, der sich mit einer solchen materialistischen Einstellung nicht anfreunden konnte. Diese Kolonie hatte einen nachhaltigen Einfluss auf die USA. Voraussetzung für ein calvinistisch geprägtes Leben war immer auch, Wohlstand auf eine Weise erarbeitet zu haben, die Lug und Betrug ausschloss. Auch die anderen Strömungen des Protestantismus konnten sich in den USA ungehindert entwickeln, weil es – anders als in Europa – weniger äußere Kräfte gab, die diesen Glauben hätten erschüttern können. Mitte des 18. Jahrhunderts war die protestantische Leistungsethik als Leitprinzip überall im Lande etabliert. – Natürlich war (und ist) vielen klar, dass es wichtigere Dinge im Leben gibt als Geld. Aber es gibt nichts, was durch Geld nicht erleichtert würde, wie einmal ein führender Methodist formulierte. Geld sei Macht und damit könne man viel Gutes tun. Entsprechend verpflichtete dieser Prediger seine Zuhörer, nach Reichtum zu streben. Bis heute prägt diese Einstellung das Vertrauen vieler Amerikaner in ihre Wirtschaftsführer und schafft den Boden für eine relativ breite Diskussion zum Thema Wirtschaftsethik.

Die Grundvorstellung, dass wirtschaftlicher Erfolg oder Misserfolg in der Verantwortung jedes Einzelnen liegt, stützt seit jeher die Ideologie des so genannten freien Marktes. Allein Marktmechanismen sind ausschlaggebend, staatliche Interventionen sind unerwünscht (vgl. Kulturstandard »Individualismus«).

Zudem wurde der ursprünglich religiös fundierte Materialismus durch die Erfahrungen der Immigranten verstärkt. Auch weniger religiös gebundene Einwanderer schafften es oftmals innerhalb von einer oder zwei Generationen, ihren Lebensstandard beträchtlich zu erhöhen, was den hohen Arbeitsethos auch in anderen Bevölkerungsgruppen förderte. Viele europäische Einwanderer waren harte Arbeit gewohnt, so dass Arbeiten überhaupt eine nie hinterfragte Grundvoraussetzung auch der Wanderbewegungen gen Westen war. Aufgrund der nahezu unbegrenzten Ressourcen der Landes war dabei ein gewisses Maß an Chancengleichheit immer gegeben. Das Wissen darum stimulierte eine Wettbewerbshaltung, da jeder durch eigene Anstrengungen und im Wettstreit mit seinen Mitmenschen seinen Lebenserfolg und sein gesellschaftliches Ansehen bestimmte. Gewinner wurden dabei bewundert, nicht beneidet, denn sie lebten ein Ideal vor, das zu Nachahmung – wenn nicht im Osten, dann weiter im Westen – anregte: Erfolg aufgrund von Initiative und Anstrengung – ein bis heute wesentliches Merkmal des amerikanischen Traums.

Der hohe Stellenwert von Wettbewerb hat noch einen weiteren Hintergrund: In einer bunt zusammengewürfelten Einwanderungsgesellschaft, die auf demokratischen Grundsätzen, weitgehend klassenlos, mit Chancengleichheit für alle gegründet wurde und zudem ständiger Veränderung ausgesetzt war, gab es keine tradierten Wertmaßstäbe. Jeder konnte sein Schicksal durch eigene Initiative weitgehend bestimmen und so am Streben nach Glück teilhaben. Neue sich entwickelnde gemeinsame Wertmaßstäbe gründeten auf den Erfolg des eigenen Handelns. Dem sozialen Vergleich kam auf diese Art der Selbstbewertung und des eigenen sozialen Standorts eine besondere Bedeutung zu. Die soziale und ökonomische Nützlichkeit entwickelte sich zum allumfassenden Maßstab, Statussymbole wurden zum sichtbaren Ausdruck von Erfolg.

■ Themenbereich 5: Individualismus

■ Beispiel 13: Frauen

■ Situation

Annemarie Müller arbeitet für eine deutsche Pharmafirma und ist oft geschäftlich in den USA unterwegs. Was die Gleichberechtigung der Geschlechter angeht, ist sie von Amerika begeistert. Während in Deutschland fast jeder ihrer hierarchisch höher gestellten Geschäftspartner ein Mann ist, fällt ihr auf, dass in den USA auch hohe Positionen viel häufiger von Frauen bekleidet werden. Ihr persönlich scheint, dass sie in gewisser Hinsicht für ihr Anliegen in den USA weniger kämpfen muss – so hat sie in Deutschland oft den Eindruck, in Besprechungen ihre Argumente mehrmals wiederholen zu müssen, bis die Männer um sie herum darauf eingehen.

Frau Müller weiß, dass die Amerikaner in den letzten 30 Jahren enorm viel getan haben, um die Diskriminierung am Arbeitsplatz zu reduzieren. Daher versteht sie es um so weniger, dass dort niemand – weder die Frauen selbst, noch Gewerkschaften, die Frauenbewegung oder Abgeordnete – sich besonders für eine familienfreundliche Gesetzgebung eingesetzt hat, wie sie in den meisten europäischen Ländern selbstverständlich ist, wozu die Bereitstellung gesetzlich garantierter Elternzeiten oder staatlich geförderter Kindergärten gehört. Für Frau Müller ist dies ein Widerspruch.

Wenn amerikanische Frauen so selbstbewusst und so aktiv sind, wieso setzen sie sich für derartige soziale Errungenschaften nicht ein?

– Lesen Sie nun die Antwortalternativen nacheinander durch.

– Bestimmen Sie den Erklärungswert jeder Antwortalternative für die gegebene Situation und kreuzen Sie ihn auf der darunter befindlichen Skala an. Es ist möglich, dass mehrere Antwortalternativen den gleichen Erklärungswert besitzen.

■ Deutungen

a) In den USA ist es kein Problem, Kinder zu versorgen, da es Ganztagsschulen gibt.

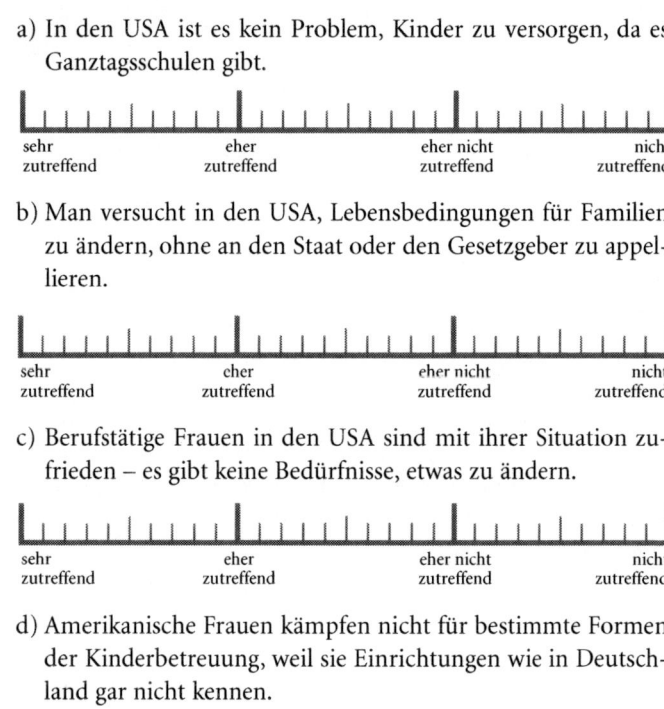

| sehr zutreffend | eher zutreffend | eher nicht zutreffend | nicht zutreffend |

b) Man versucht in den USA, Lebensbedingungen für Familien zu ändern, ohne an den Staat oder den Gesetzgeber zu appellieren.

| sehr zutreffend | cher zutreffend | eher nicht zutreffend | nicht zutreffend |

c) Berufstätige Frauen in den USA sind mit ihrer Situation zufrieden – es gibt keine Bedürfnisse, etwas zu ändern.

| sehr zutreffend | eher zutreffend | eher nicht zutreffend | nicht zutreffend |

d) Amerikanische Frauen kämpfen nicht für bestimmte Formen der Kinderbetreuung, weil sie Einrichtungen wie in Deutschland gar nicht kennen.

| sehr zutreffend | eher zutreffend | eher nicht zutreffend | nicht zutreffend |

– Versuchen Sie, Ihre Einstufung zu jeder Antwortalternative zu begründen. Halten Sie die Begründung in schriftlicher Form stichpunktartig fest.
– Lesen Sie nun die Erläuterungen zu jeder Antwortalternative durch und vergleichen Sie diese mit Ihren eigenen Begründungen.

■ Bedeutungen

Erläuterung zu a):
Diese Antwort trifft zum Teil zu. Es stimmt, dass amerikanische Schulen überwiegend auf Ganztagsunterricht angelegt sind. In ärmeren Gegenden kann es jedoch durchaus vorkommen, dass der Schultag wegen Personalmangels kürzer ist, da öffentliche Schulen mit lokalen Steuereinnahmen betrieben werden und somit nicht alle Schulen das gleiche Budget zur Verfügung haben. Für jüngere Kinder gilt, dass Kindergärten oft nicht ganztägig geöffnet sind.

Erläuterungen zu b):
Diese Aussage trifft den Kern. Appelle an die Politik und staatliche Institutionen erfolgen nur in besonderen Notfällen, um die administrative Macht so gering wie möglich zu halten. Aufgrund dieser Einstellung ist es verhältnismäßig schwierig, soziale Verbesserungen z. B. für Familien einzuführen. Deutschen erscheint es oft paradox, dass sogar Bürger, die von Änderungen profitieren würden, sich aus Prinzip dagegenstellen.

Amerikaner haben seit jeher eine distanzierte Beziehung zu Autoritäten. Die calvinistische Variante des Protestantismus, weit verbreitet unter den ersten europäischen Einwanderern, ist weitgehend individualistisch geprägt und räumt dem Einzelnen größtmöglichen Freiraum ein, aber auch größtmögliche Eigenverantwortung. Menschen mit dieser Weltanschauung zeigen keine besondere Ehrfurcht vor höheren weltlichen Instanzen. Hinzu kommt, dass die erste Regierung auf amerikanischem Boden von den verhassten Engländern gestellt wurde und zur Befreiung durch den Unabhängigkeitskrieg geführt hat. Das Misstrauen gegenüber einer zentralen Macht kommt auch in der Struktur des Staatsgebildes zum Ausdruck, einem System von »checks and balances«, also einer Verteilung von Macht- und Vetorechten mit dem Zweck, die Befugnisse der Regierung im Zaum zu halten. Schon 1789 wurde der Verfassung die »Bill of Rights« hinzugefügt. Sie ist ein Geflecht von Bestimmungen mit dem Ziel, die Bürger gegen Machtmissbrauch seitens der Regierung zu schützen. In den USA gibt es Begriffe wie etwa »Vater

Staat« oder die Vorstellung von einem gerechten und fürsorglichen Staat nicht. Selbst wenn die Lage einmal so kritisch ist, dass staatliche Intervention erforderlich ist, regt sich teilweise heftiger Widerstand. Während der großen Depression in den Dreissigerjahren des letzten Jahrhunderts führte Präsident Franklin Roosevelt mit dem »New Deal« eine Reihe von staatlichen Sozialleistungen und wirtschaftssteuernden Maßnahmen ein. Für Herbert Hoover, einen der damals führenden Kritiker, war der New Deal »die ungeheuerlichste Verletzung des Freiheitsgeistes, die das Land jemals erlebt hat.«

Dafür sind Amerikaner selbst sehr aktiv, Einrichtungen aufzubauen und soziale Aufgaben beispielsweise in Kindergärten und Hilfseinrichtungen für Bedürftige zu übernehmen. Voraussetzung ist eine *freiwillige* Teilnahme und nicht eine vom Staat verordnete Pflicht. So kommt es, dass viele Amerikaner selbstverständlich in vielfältiger Weise ehrenamtlich engagiert sind, dass viele sozialen Organisationen große Summen spenden, dass ein ausgefeiltes Stipendiatensystem den Geldmangel von Schülern und Studenten aus weniger begüterten Familien kompensiert, und dass Sponsoring das Mittel ist, zahlreiche Aktivitäten des öffentlichen Lebens zu finanzieren.

Erläuterungen zu c):
Sicherlich sind nicht alle berufstätigen Frauen mit ihrer Situation hinsichtlich Familie und Beruf zufrieden. Viele Probleme, zum Beispiel was Kinderbetreuung angeht, sind auch in den USA nur mehr oder weniger gelöst: Obwohl die beruflichen Aufstiegschancen für Frauen in den USA weit besser sind als in Deutschland, ist Chancengleichheit und gleicher Lohn für gleiche Arbeit immer noch nicht erreicht.

Kindergartenplätze werden überall angeboten: von den Betrieben selbst, den Kirchen, der politischen Gemeinde, manchmal auch von privaten Organisationen. Der Erziehungsurlaub endet in der Regel sechs Wochen nach der Geburt. Manche Frauen versuchen, sich mit ihrer Firma auf eine längere Auszeit oder einen Arbeitsplatz zu Hause zu einigen.

Kaum eine amerikanische Frau würde sich für die Möglichkeit eines Erziehungsurlaubs (in Deutschland Elternzeit genannt) bis zu drei Jahren einsetzen, da die Annahme weit verbreitet ist, ein derartiges Gesetz würde letztlich zum Bumerang, welcher die Berufschancen von Frauen verschlechtern würde. Arbeitgeber würden sich scheuen, Frauen einzustellen oder zu befördern, wenn diese das Recht hätten, für drei Jahre ihr Kind zu Hause zu erziehen. Zudem haben die meisten Amerikaner nicht die Vorstellung, dass die psychische Entwicklung eines Kindes beeinträchtigt werden würde, wenn es in einer Einrichtung oder von einer Tagesmutter betreut wird. Insgesamt steht also die Frage nach einer gesetzlichen Gestaltung eines familienfreundlichen (Arbeits-)Lebens nicht an oberster Stelle der Tagesordnung, ganz anders als in Deutschland.

Erläuterungen zu d):
Diese Überlegung ist nicht richtig. Es gibt in den USA schon die gesetzliche Möglichkeit, Erziehungsurlaub zu nehmen, wie es auch staatliche Kindergärten gibt. Oft gelten diese jedoch nicht als die besten Einrichtungen und so gesehen würden sich kaum große Gruppen mobilisieren lassen, die Zahl solcher Kindergartenplätze zu erhöhen.

■ Beispiel 14: Das Training

■ Situation

Anlässlich der unternehmensweiten Einführung eines neuen Mitarbeiter- und Vorgesetztenbeurteilungssystems verbringt Thomas Böhring im Auftrag seiner deutschen Mutterfirma mehrere Monate in den USA, um dort Vorgesetzten das System zu erklären. Die gleiche Aufgabe hat er in Deutschland bereits durchgeführt und glaubt, mit seinem Team etliche Erfahrungen gesammelt zu haben, wie das Programm noch effektiver umgesetzt werden kann. Doch gleich zu Beginn seiner Arbeit in den USA hat er das Gefühl, dass es hier schwieriger sein wird als in Deutschland. Seine amerikanischen Gesprächspartner haben häufig Einwände, sowohl gegen einzelne Bausteine des Systems als auch grundsätzlich. Die Standorte haben, scheint es ihm, alle bereits ähnliche Systeme in Betrieb, die voneinander auch durchaus abweichen, aber manche sind damit völlig zufrieden. Schließlich ist aber in der deutschen Zentrale beschlossen worden, dass ein einheitliches System eingeführt werden soll und die Amerikaner sehen darin durchaus auch Vorteile.

Nichtsdestotrotz findet es Herr Böhring sehr schwierig, die Trainer zu koordinieren und zu kontrollieren. Er selbst führt ein »Train-the-Trainer«-Seminar durch. Trotzdem stellt er fest, als er die Kurse beobachtet, dass manche Trainer mehr als nur ihre »persönliche Note« einbringen. Die Trainingsunterlagen sind von Muttersprachlern übersetzt worden, kein Trainer bräuchte also Änderungen vorzunehmen. Manchmal kommt es ihm vor, als sei das neue System eine Mischung aus dem alten, standortspezifischen und dem neuen Training. Ihm kommen die amerikanischen Trainer wenig dynamisch und flexibel vor, sie scheinen an Altem festzuhalten. Wie, denkt sich Herr Böhring, kann ich die amerikanischen Kollegen von dem neuen System überzeugen, damit ich nicht ewig als Kontrolleur auftreten muss?

Was ist hier passiert? Wie kommt es, dass das neue, deutsche Training nicht vollständig umgesetzt wird?

- Lesen Sie nun die Antwortalternativen nacheinander durch.
- Bestimmen Sie den Erklärungswert jeder Antwortalternative für die gegebene Situation und kreuzen Sie ihn auf der darunter befindlichen Skala an. Es ist möglich, dass mehrere Antwortalternativen den gleichen Erklärungswert besitzen.

■ Deutungen

a) Die Trainer blockieren, weil sie nicht in die Entscheidung einbezogen wurden.

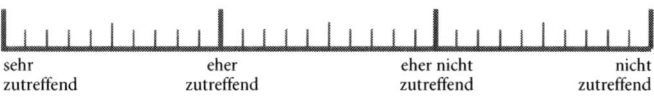

| sehr zutreffend | eher zutreffend | eher nicht zutreffend | nicht zutreffend |

b) In den USA interagieren Vorgesetzte und Mitarbeiter als konkrete Personen und nicht primär aus den jeweiligen Rollen heraus. Jemandem ein standardisiertes Programm überzustülpen, ignoriert diese Tatsache und führt zu Widerstand.

| sehr zutreffend | eher zutreffend | eher nicht zutreffend | nicht zutreffend |

c) Die amerikanischen Trainer haben nicht verstanden, dass es notwendig ist, das System vollständig einzuhalten.

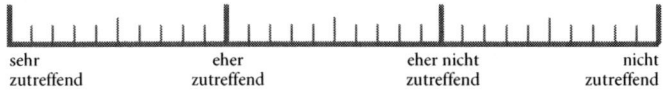

| sehr zutreffend | eher zutreffend | eher nicht zutreffend | nicht zutreffend |

d) Die Trainer versuchen, mit ihren Änderungen das neue System zu umgehen.

| sehr zutreffend | eher zutreffend | eher nicht zutreffend | nicht zutreffend |

– Versuchen Sie, Ihre Einstufung zu jeder Antwortalternative zu begründen. Halten Sie die Begründung in schriftlicher Form stichpunktartig fest.
– Lesen Sie nun die Erläuterungen zu jeder Antwortalternative durch und vergleichen Sie diese mit Ihren eigenen Begründungen.

■ **Bedeutungen**

Erläuterung zu a):
Diese Aussage könnte eine Rolle spielen. Für Amerikaner ist es wichtig, in Entscheidungen, die einen direkten Bezug zu dem Inhalt ihrer Arbeit haben, einbezogen zu werden. Andererseits werden oft Entscheidungen getroffen, bei denen dies nicht der Fall ist. Dann ist es die Aufgabe der Manager, ihre Mitarbeiter zu überzeugen, dass sie *persönliche* Vorteile davon haben, wenn sie sich an die neue Regelung halten. Das ist offensichtlich nicht geschehen.

Wahrscheinlich hat Herr Böhring eine »deutsche« Strategie benutzt, in dem er argumentiert hat, welche Vorteile ein einheitliches System für die Firma hat. Solche Argumente haben nur eine begrenzte Wirkung, weil Amerikaner sich nicht immer besonders mit ihrer Firma identifizieren. So ist beispielsweise eine lebenslange Beschäftigung bei einem Arbeitgeber nicht unbedingt Wunsch vieler Arbeitnehmer, sondern wird eher als karrierehemmend betrachtet.

Erläuterungen zu b):

Diese Antwort ist sicherlich zutreffend. Amerikanische Mitarbeiter wollen das Gefühl haben, auch im Betrieb eine individuelle Persönlichkeit sein zu dürfen. Sie müssen deshalb ganz persönlich motiviert werden. Der Vorgesetzte sollte seine Mitarbeiter so gut kennen, dass er Einzelne so zur Leistung anspornen kann, dass der- oder diejenige sich als Person akzeptiert fühlt. Die unausgesprochene Frage in dieser Situation lautet: »What's in for me?«

Dazu kommt, dass Ausbildungen und Berufsbilder nicht standardisiert sind. Amerikanische Arbeitgeber können nicht immer von einem bestimmten Kenntnisstand ausgehen, wenn jemand erst kurz in einem Betrieb arbeitet. Diese Tatsache zwingt den Vorgesetzten ebenfalls, sich näher mit demjenigen zu beschäftigen, als das oft in Deutschland der Fall ist. Denn der Neue oder die Neue muss lernen und auch die Möglichkeit dazu bekommen. Die Führungsaufgabe besteht darin, ihn oder sie dabei zu unterstützen.

Zusätzlich bestimmen die Verhaltensunterschiede, die im Allgemeinen zwischen Deutschen und Amerikanern zu beobachten sind, das Verhältnis zwischen Managern und Mitarbeitern und ihre gegenseitigen Erwartungen aneinander. So kann es gut sein, dass ein in Deutschland entwickeltes Mitarbeiter- und Vorgesetztenbeurteilungssystem den amerikanischen Gepflogenheiten und Bedürfnissen nicht entspricht und aus amerikanischer Sicht adaptiert werden muss.

Erläuterungen zu c):

Diese Antwort trifft ebenfalls zu. Amerikaner sind dann bereit, standardisierte Systeme einzuhalten, wenn es um mechanische Abläufe oder logistische Aufgaben geht, wie man zum Beispiel eine wartende Schlange von Kunden am schnellsten mit Fastfood versorgen kann. Es würde jedoch keinem ausgebildeten Trainer einfallen, standardisierte Workshops zu halten, deren Thema zwischenmenschliche Beziehungen sind. Ein standardisiertes Seminar wird als Leitfaden gesehen, von dem man je nach Bedarf abweicht.

Erläuterungen zu d):
Diese Antwort ist möglich, muss jedoch nicht in diesem Fall treffen. Die Trainer machen lediglich das, was sie als pragmatisch und effektiv betrachten.

■ Lösungsstrategie

Wie also hätte Herr Böhring seine Aufgabe besser bewältigen können? Von Vorteil wäre es natürlich gewesen, wenn er den Freiraum hätte (oder zumindest den bestehenden Freiraum nutzen würde), den amerikanischen Kollegen das Ziel der Trainings nahe zu bringen und dann mit ihnen zusammen das »Wie« zu gestalten – in Diskussionsrunden oder in Projektgruppen. Sie einzubinden, gemeinsam auf das Ziel hin zu arbeiten, wäre ideal. Ziele vorzugeben ist eine gängige und akzeptierte Methode, die erforderlichen Prozesse vorzugeben wirkt hingegen gängelnd.

Kann Herr Böhring nicht so vorgehen, dann ist es besser, die Trainings jedem Trainer einzeln zu »verkaufen« und ihn damit zu motivieren, das Programm zu übernehmen. Voraussetzung dazu wäre allerdings, seine Kollegen kennen zu lernen, um individuell vorgehen zu können: Für den einen mag das neue Trainingsprogramm Zukunftschancen in sich bergen, wenn er es erfolgreich durchführt; für den anderen mag es wesentliche Aspekte seiner eigenen Lebensphilosophie enthalten und ihn so motivieren, es umzusetzen; dem dritten bringt die Einführung einer Standardisierung Zeitgewinn und Flexibilität.

Ganz generell und kulturunabhängig betrachtet, ist diese Situation auch typisch für eine Mutter-Tochter-Beziehung bei Unternehmen und eine weit verbreitete Ursache für Konflikte: Die Zentrale verlangt Vereinheitlichungen in den Tochterunternehmen. Spielt sich der Vorgang jedoch in Tochterunternehmen mit Beteiligung verschiedener Kulturen ab, bestimmt dieser Umstand zum einen die Art, wie diskutiert und sich auseinandergesetzt wird und begründet auch wechselseitige Vorurteile. Und diese Vorurteile lauten an dieser Stelle: »Deutsche entscheiden alles zentralistisch und delegieren dann top-down.« »Amerikaner sind zu selbstbewusst, als dass sie zur Kooperation bereit wären.« Schade, das wird weder Herrn Böhring noch seinen amerikanischen Kollegen gerecht! Beide wollen eigentlich nur ihre Arbeit gut und gewissenhaft machen.

■ Beispiel 15: In der U-Bahn

■ Situation

Ralf Tröster weilt gerade in Boston und fährt mit der U-Bahn zu seinem Hotel. Es ist früh am Abend und auf den Straßen herrscht dichter Berufsverkehr. Die Sitzplätze in der U-Bahn sind alle belegt, er hält sich an einer Stange fest. Vor ihm sitzt ein Jugendlicher mit Walkman, der so laut spielt, dass er das Dröhnen hören kann. Bei der nächsten Haltestelle zwängt sich eine ältere Frau mit Einkaufstüten in jeder Hand in den Wagen. Als Herr Tröster merkt, dass der Jugendliche sitzen bleibt, gibt er ihm ein Zeichen, dass er aufstehen soll. Da der Teenager nicht reagiert, sagt ihm Herr Tröster in höflichem Ton, dass er der Dame doch bitte Platz machen soll. Nochmals reagiert der Jugendliche nicht. Herr Tröster nimmt an, dass er ihn wegen der Musik nicht hören kann und wiederholt seine Aufforderung, dieses Mal lauter. Plötzlich merkt er, dass alle Augen auf ihn gerichtet sind. Er fühlt sich unwohl.

Wieso – war seine Bitte so abwegig? Kennt man keine Etikette hier?

– Lesen Sie nun die Antwortalternativen nacheinander durch.
– Bestimmen Sie den Erklärungswert jeder Antwortalternative für die gegebene Situation und kreuzen Sie ihn auf der darunter befindlichen Skala an. Es ist möglich, dass mehrere Antwortalternativen den gleichen Erklärungswert besitzen.

■ Deutungen

a) Herr Tröster hat Recht. In Amerika wird Etikette kleinge-
schrieben. Keiner erwartet, dass der Jugendliche aufsteht.

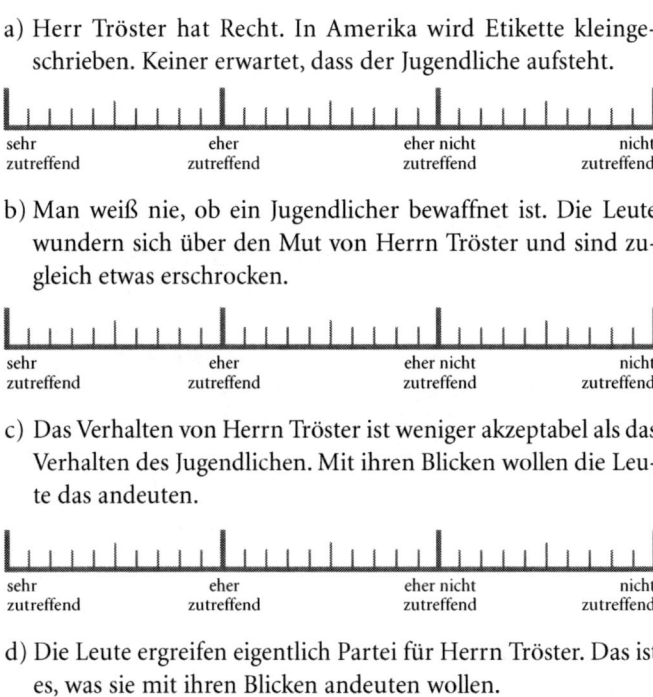

| sehr zutreffend | eher zutreffend | eher nicht zutreffend | nicht zutreffend |

b) Man weiß nie, ob ein Jugendlicher bewaffnet ist. Die Leute
wundern sich über den Mut von Herrn Tröster und sind zu-
gleich etwas erschrocken.

| sehr zutreffend | eher zutreffend | eher nicht zutreffend | nicht zutreffend |

c) Das Verhalten von Herrn Tröster ist weniger akzeptabel als das
Verhalten des Jugendlichen. Mit ihren Blicken wollen die Leute das andeuten.

| sehr zutreffend | eher zutreffend | eher nicht zutreffend | nicht zutreffend |

d) Die Leute ergreifen eigentlich Partei für Herrn Tröster. Das ist
es, was sie mit ihren Blicken andeuten wollen.

| sehr zutreffend | eher zutreffend | eher nicht zutreffend | nicht zutreffend |

– Versuchen Sie, Ihre Einstufung zu jeder Antwortalternative zu
begründen. Halten Sie die Begründung in schriftlicher Form
stichpunktartig fest.
– Lesen Sie nun die Erläuterungen zu jeder Antwortalternative
durch und vergleichen Sie diese mit Ihren eigenen Begründungen.

■ Bedeutungen

Erläuterung zu a):
Es trifft zu, dass Amerikaner nicht sehr viel Wert auf formelle Etikette legen. Die europäischen Einwanderer lehnten die in ihrer Heimat übliche Etikette, die von den unteren Gesellschaftsschichten von der absolut herrschenden Aristokratie übernommen wurde, ab, da sie auch das Klassensystem weitgehend ablehnten. Amerikaner sind vielmehr informell in ihrem sozialen Verhalten. Knigge-Regeln der formellen Etikette (wer grüßt wen, wer stellt wen vor, wer redet wann) fehlen weitgehend. Amerikaner begrüßen andere mit Händen in den Hosentaschen oder legen ihre Füße auf den Schreibtisch und denken sich nichts Besonderes dabei. Es wird jedoch erwartet, dass Leute freundlich und zuvorkommend sind, also beispielsweise einen freundlichen Umgangston pflegen oder auch, wie in diesem Fall, älteren Menschen den eigenen Sitzplatz überlassen. In Amerika ist es jedoch ähnlich wie in Deutschland: Manche Jugendliche stehen auf, andere aber nicht. Die Zuschauer haben sicherlich das Benehmen des Teenagers nicht als anständig empfunden.

Erläuterungen zu b):
Es kann immer der Fall sein, dass ein Amerikaner bewaffnet ist. Es ist aber kaum anzunehmen, dass viele Leute in diesem Moment und in dieser Umgebung daran gedacht haben – es sei denn, der Jugendliche sah besonders bedrohlich aus.

Erläuterungen zu c):
Mit dieser Antwort haben Sie ins Schwarze getroffen. Jemanden anzuweisen, was er tun soll, gilt als grober Verstoß – besonders wenn es in der Öffentlichkeit geschieht. Dies ist viel schwerwiegender, als für eine alte Frau nicht aufzustehen. Sogar enge Freunde zögern, Verhaltenshinweise zu geben und tun es, wenn überhaupt, nur sehr vorsichtig. Im Allgemeinen gilt die Regel, dass man Ratschläge nur dann anbieten kann, wenn sie ausdrücklich gewünscht werden. Belehrend zu sein ist eine Eigenschaft, die unter Amerikaner als ausgesprochen negativ gilt. Eine Intervention nicht unmittelbar Beteiligter ist in der Öffentlichkeit nur zu erwarten, wenn jemand in akuter Gefahr ist.

Erläuterungen zu d):
Die Alternative gilt auf keinen Fall. Wenn sie es auch nicht gut finden, dass der Jugendliche sitzen bleibt, ist in ihren Augen das Verhalten von Herrn Tröster eher zu tadeln. Er kommandiert jemanden herum, und das ist nicht angesehen. Genau wie in Deutschland erwartet man nicht von Jugendlichen, dass sie immer vorbildliches Benehmen zeigen. Man erwartet allerdings von Erwachsenen, dass sie sich sozial angepasst verhalten. Herr Tröster tut das nach amerikanischen Maßstäben nicht.

■ Beispiel 16: Mein Modul

■ Situation

Ein Deutscher, Herr Vogel, ist Chef einer amerikanischen Software-Entwicklergruppe. Er ist es von Deutschland her gewohnt, dass er mit seinem Team immer wieder so genannte Reviews durchführt. Damit ist gemeint, dass die Kollegen von Zeit zu Zeit die aktuelle Arbeit wechselseitig begutachten, um Fehler zu identifizieren und sie rechtzeitig beheben zu können. Die amerikanischen Mitarbeiter scheinen dieses Vorgehen rundweg abzulehnen. Sie sagen, er könne ihr Resultat gern bewerten, aber die gegenseitige Kontrolle sei doch befremdlich.

Da jeder der amerikanischen Kollegen nach Abliefern seines Arbeitsergebnisses deutlich stolz darauf ist und auch jetzt empfindlich reagiert, wenn ein anderer auf Wunsch von Herrn Vogel Änderungen an »seinem« Modul vornimmt, nennt Herr Vogel diesen Zug der Amerikaner ein »ausgeprägtes Besitzdenken«. Er setzt alle Hebel in Bewegung, um dieser Haltung ein Ende zu setzen, denn er ist überzeugt davon, dass eine solche Einstellung für die Zusammenarbeit hinderlich ist – doch der Widerstand ist groß.

Warum können sich die amerikanischen Kollegen so gar nicht mit den Vorstellungen ihres deutschen Chefs anfreunden?

– Lesen Sie nun die Antwortalternativen nacheinander durch.
– Bestimmen Sie den Erklärungswert jeder Antwortalternative für die gegebene Situation und kreuzen Sie ihn auf der darun-

ter befindlichen Skala an. Es ist möglich, dass mehrere Antwortalternativen den gleichen Erklärungswert besitzen.

■ Deutungen

a) Die Amerikaner haben Angst, ihren Arbeitsplatz zu verlieren.

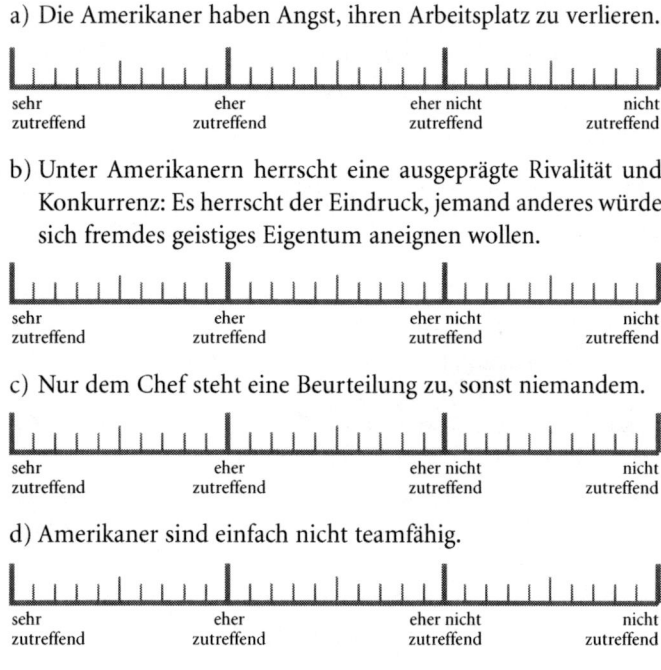

| sehr | eher | eher nicht | nicht |
| zutreffend | zutreffend | zutreffend | zutreffend |

b) Unter Amerikanern herrscht eine ausgeprägte Rivalität und Konkurrenz: Es herrscht der Eindruck, jemand anderes würde sich fremdes geistiges Eigentum aneignen wollen.

| sehr | eher | eher nicht | nicht |
| zutreffend | zutreffend | zutreffend | zutreffend |

c) Nur dem Chef steht eine Beurteilung zu, sonst niemandem.

| sehr | eher | eher nicht | nicht |
| zutreffend | zutreffend | zutreffend | zutreffend |

d) Amerikaner sind einfach nicht teamfähig.

| sehr | eher | eher nicht | nicht |
| zutreffend | zutreffend | zutreffend | zutreffend |

– Versuchen Sie, Ihre Einstufung zu jeder Antwortalternative zu begründen. Halten Sie die Begründung in schriftlicher Form stichpunktartig fest.
– Lesen Sie nun die Erläuterungen zu jeder Antwortalternative durch und vergleichen Sie diese mit Ihren eigenen Begründungen.

■ Bedeutungen

Erläuterung zu a):
Da es in den USA keinen Kündigungsschutz gibt, sondern Entlassungen jederzeit nach Beurteilung der individuellen Leistung vorgenommen werden können (vgl. Kulturstandard »Leistungsorientierung«), ist die Angst vor schlechten Beurteilungen nicht unberechtigt und weit verbreitet. Diese Erklärung hat also durchaus eine gewisse Berechtigung, allerdings nur mittelbar: Amerikaner haben, wie wir inzwischen wissen, zu Fehlern eine andere Einstellung. Fehler gelten als normaler Bestandteil des Lern- und Arbeitsprozesses (vgl. Kulturstandard »Gelassenheit«). Was sollen aus ihrer Sicht daher »vorzeitige« Kontrollen? In jedem Fall stört dieses Procedere den Arbeitsablauf. Im schlimmsten Fall wären arglistige Motive zu vermuten – dann wäre die Angst angemessen.

Erläuterungen zu b):
Diese Antwort trifft den Sachverhalt in den meisten Fällen nicht. Auch Amerikaner tauschen sich selbstverständlich aus und besprechen miteinander Ideen, Probleme, Lösungen. – Dass es, wie in allen Ländern, unfaire Zeitgenossen gibt, stimmt, ist also nichts typisch Amerikanisches.

Erläuterungen zu c):
Diese Erklärung trifft den Kern der Sache. Da Amerikaner ausgeprägte Individualisten sind, ist Teamarbeit weit mehr als in Deutschland davon gekennzeichnet, dass der gesamte Arbeitsprozess in individuelle Ziele und Aufgaben untergliedert ist. Das, was jemand hier bearbeitet, ist wirklich sein Verantwortungsbereich. Die Ergebnisse, die er hier erreicht, stellen tatsächlich die Basis für seine Beurteilung dar. Und der, dem eine Beurteilung nicht nur zusteht, sondern in dessen Verantwortung sie originär liegt, ist der Chef. Er hat die Ergebnisse zu kontrollieren, einzuschätzen, er hat eventuell zu kritisieren und Nacharbeit einzufordern. Von seiner Beurteilung hängt der nächste Karriereschritt ab. (Nebenbei: Ein Kriterium für seine Beurteilung besteht auch in der Einschätzung der sozialen Kompetenz seiner Mitarbeiter.)

Maßt sich also ein Gleichrangiger an, andere Kollegen zu kritisieren, was in diesem Beispiel durch den deutschen Chef gefordert wird, dann gilt das ein Verstoß gegen die Spielregeln am Arbeitsplatz. Ein Chef, der ein solches Verhalten fordert, ist sich offensichtlich seiner Rolle nicht bewusst, um nicht zu sagen, er macht seinen Job einfach schlecht. Das hier verlangte Ansinnen grenzt für die Amerikaner an Unverschämtheit.

Erläuterungen zu d):
Solche Statements fordern natürlich die Gegenfrage heraus: Was ist Teamfähigkeit? In der Definition dessen liegt zweifellos ein Kulturunterschied zwischen Deutschen und Amerikanern. Wenn Teamfähigkeit für Deutsche heißt, gemeinsam die Verantwortung für ein Ergebnis zu tragen, dann tragen bei den Amerikanern die einzelnen Individuen die Verantwortung für das Erreichen ihres jeweiligen Teilziels.Wenn Deutsche gemeinsam überlegen, diskutieren und entscheiden, was wie gemacht wird, dann wollen Amerikaner nur den Rahmen gemeinsam klären, weiterhin aber individuell und unabhängig voneinander arbeiten. – Kurzum: diese Antwort ist falsch und zeugt nicht gerade von kulturellem Verständnis.

■ **Lösungsstrategie**

Möchte sich Herr Vogel gar nicht auf die weit verbreitete amerikanische Methode einlassen, das Ergebnis als Chef selbst zu kontrollieren, sondern bereits zu einem früheren Zeitpunkt ein entsprechend intendiertes Eingreifen einführen, dann sollte er versuchen, die Mitarbeiter dazu zu bewegen, das freiwillig zu tun. Fehlerdiskussionen, aus denen alle Beteiligten lernen können und mit denen sie sich gegenseitig anregen können, kommen viele Amerikaner im richtigen Rahmen durchaus gern nach: Herr Vogel könnte beispielsweise zu regelmäßigen »Friday breakfast meetings« einladen.

◼ Kulturelle Verankerung von »Individualismus«

Individualismus ist ein pauschaler und verschieden interpretierbarer Begriff. Im Kulturvergleich wird er stets verwendet, wenn Charakteristika des abendländisch-westlichen Kulturkreises im Kontrast zu asiatischen Kulturen beschrieben werden sollen. Eine Binnendifferenzierung innerhalb des Westens erfolgt dann nicht. Genau das muss aber an dieser Stelle geleistet werden, wenn deutlich gemacht werden soll, was dieser Kulturstandard zur Beschreibung des amerikanischen kulturellen Orientierungssystems beiträgt.

◼ Selbstverantwortung, Eigeninitiative und Selbstständigkeit

Selbstverantwortung, Eigeninitiative und Selbstständigkeit werden stark betont und besonders geschätzt. Diese Einstellung zeigt sich auch in den vielen Wörtern, die mit der Vorsilbe »self« beginnen. Die individuelle, persönliche Identität ist zentral für einen Amerikaner: Jeder fühlt sich für sein Leben selbst verantwortlich und schiebt die Verantwortung nicht Institutionen oder externen Faktoren zu, sondern will seine Probleme selbst lösen. Die Dinge, die man für sich selbst und sein Wohlergehen und Weiterkommen leistet, werden wichtig genommen. Man möchte sich durch Leistung hervorheben, erfolgreich sein und im Wettbewerb bestehen. Dieser Wettkampf wird in der Regel nicht als Bedrohung empfunden, sondern eher sportlich gesehen. Kinder werden dazu erzogen, sich eine eigene Meinung zu bilden, sich zu behaupten, ihre Rechte durchzusetzen, aber auch bei anderen das Recht auf Selbstbestimmung zu respektieren.

In der Einarbeitungszeit wird neuen Mitarbeitern viel Eigeninitiative und Engagement abverlangt. Es wird erwartet, dass sie sich zügig einarbeiten. Die Beschaffung der erforderlichen Informationen ist sozusagen ihre Bringschuld. Es herrscht die Einstellung, jemanden zunächst anfangen zu lassen und dann weiter zu sehen. Braucht derjenige oder diejenige Hilfe, wird er oder sie darum bitten, und dann erweisen sich Amerikaner auch als recht hilfsbereit.

Die von Deutschen oft als »amerikanische Verhältnisse« wahrgenommene gesellschaftliche Konsequenz lautet: Das ökonomische System schützt keine Gruppen und Gemeinschaften, sondern gewährt dem Einzelnen möglichst niedrige Belastungen (z. B. Steuern). Soziale Leistungen (z. B. bei Arbeitslosigkeit) sind minimal. Es gibt kaum eine staatliche Unterstützung des Gesundheitswesens. Es gibt nur wenige Sicherheiten, die das soziale und politische System bereithält, man kann in schlechten Zeiten auch nicht notwendigerweise mit der eigenen Familie, Freunden oder sozialer Unterstützung durch andere rechnen.

■ Freiheit

Ein Amerikaner will in seinen Entscheidungen so weit wie möglich frei und autonom sein. Freiheit meint, sein Glück in die eigenen Hände zu nehmen, für sich, sein Wohlergehen und sein Weiterkommen zu sorgen, sich seine eigenen Ziele zu setzen. Man liebt es, Wahlfreiheit zu haben in allem: Religion, Politik, Lebensstil. Schon beim Frühstück gibt es eine Auswahl an Eierspeisen und Toasts, Beilagen können in Restaurants gegen andere ausgetauscht werden, bei Produkten gibt es viele Varianten, Schulen bieten verschiedenen Curricula an. Kunden erwarten, dass sie Entscheidungsmöglichkeiten haben. Produkte werden nach Kundenwünschen entwickelt, Hersteller ändern ihre Produkte nach den Kundenwünschen ab. »Have it your way« ist ein erfolgreicher Slogan, der auch für technologische Spitzenprodukte gilt.

Amerikaner halten sich genauso wie Deutsche an Vorschriften, doch sie sind dann weniger penibel, wenn es in ihren Augen nur um die Form geht, das heißt, wenn bei Regelverstößen keine negativen Folgen oder gar rechtlichen Schwierigkeiten zu befürchten sind. Will jemand, dass eine bestimmte Form genau eingehalten wird, dann muss er darauf eigens hinweisen. Amerikaner gehen davon aus, dass alles, was nicht verboten ist, erlaubt ist und sie tun alles, was bestehenden Vorschriften nicht widerspricht.

Das Freiheitsstreben kommt auch im Wunsch nach Unabhängigkeit zum Ausdruck und führt zu einer (im Vergleich zu Deutschland) gewissen Unverbindlichkeit und einem geringeren

Verpflichtungsgefühl. Manchmal werden auch zwischenmenschliche Beziehungen unverbindlich gehalten und soziale Verpflichtungen gern vermieden: Gegeneinladungen, wechselseitige Geschenke, Dankbarkeit, Pflichtveranstaltungen. Rücksichtnahme bedeutet, auch anderen keine sozialen Verpflichtungen aufzuerlegen. Man versucht, seine Freunde nicht zu belasten, sie nicht um größere Gefallen zu bitten. Man will nicht in die Schuld anderer geraten, sondern die Beziehung ausbalanciert wissen. Und beruflich ist die langfristige Loyalität zu einer Firma eher selten. Man bindet sich weniger an einen Arbeitgeber, sondern wechselt häufiger die Firma.

■ Freiwilliges soziales Engagement

Ausgeprägter »Individualismus« hat für manche Deutsche den Beigeschmack von Egozentrik und Egoismus. Amerikaner sehen Individualismus positiv: Ein Individualist ist eine unabhängige Person, die sich um ihre Angelegenheiten kümmert und Initiative ergreift. Sie nimmt sich die Freiheit, eigene Entscheidungen zu treffen, eigene Ziele zu verfolgen, sich selbst treu zu sein. Kurz: Individualismus ist die Bejahung einer auf Selbstbestimmung und Selbstverwirklichung ausgerichteten Lebensführung. Individualismus bedeutet nicht, dass man rücksichtslos ist und sich nicht um die Belange der Mitmenschen kümmert! Die ausgeprägte Hilfsbereitschaft von Amerikanern basiert auf freiwilligem Engagement, auf freier Entscheidung, je nachdem, was man für wichtig erachtet, wo oder wie man sich sozial engagieren will. Kein Volk spendet so viel Geld für wohltätige Zwecke, es gibt ausgesprochen viel ehrenamtliches Engagement, eine ausgeprägte Nachbarschaftshilfe – aber alles auf der Basis freiwilliger Entscheidungen.

■ Persönliche Note

Im Unterschied zu Deutschland äußert sich der amerikanische Individualismus auch darin, dass sachliche Anliegen mehr mit einer persönlichen Note unterlegt werden:

– Bei einer guten Präsentation spricht jemand, der von seiner Vision wirklich überzeugt ist. Derjenige glaubt daran, ist begeistert und kann auch andere begeistern. Er spricht seine Zuhörer persönlich und emotional an und kann sie sozusagen einfangen. Persönliche Bezüge zum Thema verdeutlichen, dass ihm die Sache wirklich ein Anliegen ist, während sachliche Details eher ablenken würden. Das Urteil mancher Deutschen, Amerikaner seien »Blender«, verkennt unter anderem diese Intention.

– Führungskräfte vertreten engagiert und überzeugt ihre Idee vom künftigen Erfolg, die mitreißt, und sie setzen ihren Mitarbeitern individuell abgestimmte Ziele, die motivieren.

– Amerikaner erscheinen für Deutsche überschwänglich: Sie sind zu laut, zu wenig zurückhaltend, zu emotional, sprühen über vor kindlicher Begeisterung. Sie lächeln viel, loben andere und geben ihnen Komplimente für Kleinigkeiten. Sie übertreiben schamlos. Sie reden in Superlativen. Sie sind nicht nüchtern und analytisch, sondern emotional.

– Will man umgekehrt Amerikaner auf seine Seite ziehen, dann wirken beispielsweise bei Verhandlungen neben der Zielorientierung Persönliches und Subjektives (wie positive Gefühle, Vorlieben, persönliche Einstellungen), Humor und Freundlichkeit vertrauensfördernd.

■ **Teamwork**

Wenn Amerikaner von Teamarbeit reden, meinen sie Teams von Individualisten, die temporär und pragmatisch zusammenarbeiten, um das Ziel zu erreichen und dann wieder getrennte Wege zu gehen. Teamarbeit bedeutet: die zielgerichtete, pragmatische Kooperation von Individuen für eine bestimmte Zeit, klar basierend auf individueller Arbeitsteilung, so dass auch Fehler und Erfolge Einzelnen zugerechnet werden können. Eine »gemeinsame« Autorenschaft, ein Verwischen von Verantwortlichkeit gibt es weniger. Eine Redewendung, die die individuelle Motivation gut kennzeichnet, lautet: »What's in for me?«

- »Teamwork« heißt oft: Es erfolgt eine klare individuelle Aufgabenzuteilung und die Vereinbarung von Spielregeln an den Schnittstellen.
- Während der Arbeit sind Amerikaner Einzelkämpfer, die sich vor allem auf die Ziele, die sie verantworten und auf ihre Aufgabe konzentrieren. Dabei bleibt ihnen nach dem »Nicht-Einmischungsprinzips« das Wie der Bearbeitung oft selbst überlassen.
- Der Informationsaustausch erfolgt auf der Basis individueller Verantwortung (wer braucht von wem was, um sein Ziel erreichen zu können?).
- Auch im Team werden die eigenen Interessen verfolgt. Entspricht das Team nicht mehr den eigenen Interessen, wird es verlassen. Andere Erwartungen würden als behindernd und einengend ausgelegt.
- Bei Meetings und Gruppenentscheidungen ist die faire Berücksichtigung individueller Meinungen eine unbedingte Forderung: Jeder soll und will sich einbringen.
- Der individuelle Leistungsbeitrag zur Zielerreichung steht im Vordergrund, wird gemessen, rückgemeldet und belohnt. Dies beinhaltet allerdings auch die Gefahr, dass die Abstimmung der Mitarbeiter untereinander nicht optimal ist. Dem muss durch Meetings entgegen gesteuert werden.
- Amerikaner äußern zwar gegenüber ihrem Chef durchaus ihre Meinung (in angemessener Form: höflich, indirekt – mit klarem Widerspruch nur unter vier Augen). Aber sie akzeptieren, dass der Chef aufgrund seiner Position entscheidet. Sie erwarten freie Meinungsäußerung, aber keine Konsensentscheidung. Schließlich trägt der Chef Verantwortung für seine Entscheidungen und unterliegt ebenso der Leistungsbeurteilung, inwieweit er in der Lage ist, seine Ziele zu erreichen. Er kann die Marschroute vorgeben, manchmal auch ohne seine Mitarbeiter inhaltlich überzeugt zu haben und ihres Einverständnisses sicher zu sein. Hier sind es Amerikaner, die sich mitunter über den »harten« deutschen Diskussionsstil gegenüber Chefs wundern.
- Amerikaner sind es gewohnt, dass ihnen zwar genaue Ziele gesetzt werden, ihnen das Wie der Bearbeitung aber selbst über-

lassen bleibt und nur das Ergebnis kontrolliert wird. Sowohl der delegierte, spezifizierte Aufgabenbereich wie auch das Ziel sind deutlich umrissen. Häufige Rückmeldungen stützen die Motivation (vgl. Kulturstandard »Leistungsorientierung«).

Amerikanische Organisationsformen sind überhaupt mehr auf Individuen zugeschnitten als deutsche: Es existieren nicht nur im Management klare Zuständigkeiten, sondern Verantwortlichkeiten und Aufgaben sind bis zum einfachsten Mitarbeiter festgelegt. Detaillierte Arbeitsbeschreibungen stellen das sicher. Dadurch können die Leistungen eines jeden definiert und beurteilt werden. Verantwortlichkeiten für eine Arbeitsgruppe sind nur kurzfristig und zur Lösung eines Detailproblems üblich, da sie demotivierend wirken, sind doch so Leistungskontrolle, Feedback und individuelle Erfolge nicht messbar (vgl. Kulturstandard »Leistungsorientierung«).

■ Konformismus

Individualismus bedeutet nicht, dass Amerikaner besondere Individualität oder Verschiedenheit zeigen. Im Gegenteil, im Widerspruch zu ihrem individualistischen Selbstbild erscheinen Amerikaner manchem angepasster als Deutsche: Wie selbstverständlich werden Rauchverbote und Geschwindigkeitsbegrenzungen eingehalten! Wie strikt sind manche »dress codes«! Wie uniform hält man sich an eine »politische korrekte« Ausdrucksweise! Amerikaner würden nun sagen, dass dies ihrem Individualismus keinen Abbruch tut, denn sie verstehen eben vor allem individuelle Entscheidungsfreiheit und Verantwortlichkeit darunter. In manchen Situationen möchte man sich überdies nicht *ohne Not* in eine Außenseiterposition manövrieren und sich einer Gruppe widersetzen, dazu ist das Bestreben zu dominierend, ein »nice guy« sein zu wollen. In bestimmten Situationen kommt dann der Kulturstandard »nice guy« oder »Gleichheit« eher zum Tragen und die Elemente von »Individualismus« treten in den Hintergrund.

■ Kulturelle Verankerung

Wenngleich die Gründungen der ersten zehn Kolonien auf nordamerikanischem Boden im 17. Jahrhundert auf ganz unterschiedliche Motive zurückgehen, verbindet die Gründer ein großer gemeinsamer Nenner: Sie waren aufgrund eigener Entscheidungen ausgewandert oder Nachkommen von Immigranten. Sie lebten also im Kontrast zu einer Welt, aus der sie kamen und sie entschlossen sich zu dieser Auswanderung, weil sie sich etwas davon versprachen – Wohlstand die einen, Religionsfreiheit die anderen. Alle suchten sie ihr individuelles Glück und wurden von der großen Freiheit gelockt, eigenständig sein zu können. Individuelle Freiheit war für diese Menschen nicht nur eine Idee, sondern immer gelebte Praxis in persönlicher (weitgehende Klassenfreiheit), politischer (Wahlfreiheit) und wirtschaftlicher Hinsicht (Eigentums- und Vertragsfreiheit).

Von Anfang an kamen Menschen unterschiedlichster Nationalitäten, Sprachen und Religionen nach Amerika. Einzelne ethnische Gruppen wurden mehr oder weniger durch ihr gemeinsames kulturelles Erbe zusammengehalten, aber die Vereinigten Staaten insgesamt besteht aus Menschen, deren Wurzeln und Traditionen so verschieden sind, dass sich eine kollektive Gesinnung nicht in dem Sinne entwickeln konnte, wie wir es aus den Ursprungsländern der Einwanderer kennen. Alle Versuche, sozialistische Ideen umzusetzen, scheiterten letztlich. Es gibt auch kaum Mythen oder historische Ereignisse, die eine irgendwie geartete kollektive Gesinnung idealisieren. Stattdessen werden schon Kinder dazu erzogen, unabhängig und selbstständig zu sein. Der amerikanische Held ist der einsame, zähe Siedler, der mit einer Axt und einer Schrotflinte die Wildnis zähmt oder der standhafte Präsident, der aus Liebe zur Gerechtigkeit einen unbequemen Standpunkt einnimmt oder der Sheriff, der eigenhändig die Stadt von Banditen säubert oder der besitzlose, ungebundene Cowboy in grenzenloser Freiheit. Auch kollektive Bewegungen wie etwa die Connestoga-Wagen-Kolonnen, die gen Westen zogen und weite Gebiete erschlossen haben, werden bevorzugt als die Errungenschaften einzelner Pioniere vermittelt. Schließlich erfolgte die gesamte Besiedelung des Kontinents nicht nach einem staatlichen Plan, sondern durch eine Vielzahl privater Unternehmungen.

Die überwiegende Mehrheit der Immigranten wanderte nicht als Gruppe aus, sondern als Einzelpersonen. Hinzu kommt, dass unter den Lebensbedingungen der Pionierzeit auch weiterhin individuelle Geschicklichkeit, Selbsthilfe und Unabhängigkeit überlebensentscheidend waren. Das Siedlerdasein verstärkte individualistische Züge, die Familien wohnten getrennt voneinander, weitgehend autonom, oft autark und übers Land verstreut. Sie mussten auf sich allein gestellt leben, konnten aber auch ungestört ihren eigenen Stil pflegen und waren kaum sozialen Zwängen unterworfen. An den Siedlungsgrenzen konnte man beinahe alles tun: es gab nur wenige Menschen, keine staatlichen Gebilde, geschweige denn Gesetze, nur das Gefühl grenzenloser Freiheit. Auch die wirtschaftliche Existenz basierend auf selbstständiger landwirtschaftlicher Arbeit unterstützte das Gefühl, nur für sich selbst und die unmittelbare Kernfamilie zuständig zu sein. Soziale Kontrollen in Form gesellschaftlicher Institutionen gab es erst mit zunehmender Verstädterung, Säkularisierung und Industrialisierung.

Folgt man Max Weber, dann erklärt sich der Durchbruch des Individualismus aus der Verbreitung des Protestantismus. Im Gegensatz zur katholischen Lehre zeichnet sich die protestantische Theologie u. a. dadurch aus, dass sie keinen Vermittler zwischen Gott und den Menschen kennt. Ein grundlegendes Prinzip aller protestantischen Strömungen besteht in der Betonung der Eigenverantwortung vor Gott: Es gilt, ein Leben nach christlichen Geboten zu führen. Jeder ist unmittelbar für sein ganzes Leben und all sein Tun Gott gegenüber verantwortlich. Eine radikalere und folgenschwerere Selbstverantwortung – es geht immerhin um die Frage der ewigen Verdammnis – ist kaum vorstellbar.

Der christliche Glaube gebietet aber ebenso auch Nächstenliebe, wonach man nicht nur für sein eigenes Glück verantwortlich ist, sondern auch für die armen, kranken und hilfsbedürftigen Gemeindemitglieder, die ein unverschuldetes Schicksal zu erleiden hatten. – Bis heute bildet dies ein Fundament amerikanischer Hilfsbereitschaft und Großzügigkeit.

Auch der amerikanische Freiheitsgedanke hat religiöse Wurzeln: Schon die Separatisten verließen England, weil sie ihre Religion nicht nach ihren eigenen Vorstellungen ausüben konnten. Die Puritaner litten unter der engen Beziehung zwischen Kirche und Staat und wollten ihre Ideen in der Neuen Welt verwirklichen. Ironischerweise wurde als Reaktion auf die religiöse Intoleranz der Pilgerväter (sie bestraften Abtrünnige oder verbannten sie aus der Gemeinde) »Religionsfreiheit« ein zentrales amerikanisches Anliegen. Es gab in den USA zu keiner Zeit eine Verbindung zwischen der Institution Kirche und dem Staat, auch um die von den Gründern erkämpfte Religionsfreiheit zu wahren. Meinungsfreiheit ist in den »Bill of Rights« garantiert, was auch heute noch heißt, selbst Nazis oder Anhängern des Ku-Klux-Klans Rede- und Publikationsfreiheit zu gewähren.

Im weiteren Verlauf der amerikanischen Geschichte wurde der Individualismus als kulturelles Markenzeichen von einem ausgeprägten Wirtschaftsliberalismus und den Errungenschaften der Aufklärung weiter gefördert.

■ Themenbereich 6:
Soziale Anerkennung (nice guy)

■ Beispiel 17: In einem Architekturbüro

■ Situation

Kathrin Vogel freut sich, eine Stelle in einem amerikanischen Architekturbüro in Chicago bekommen zu haben. Die Firma ist bekannt für ihre modernen Bürogebäude und die Stadt für moderne Baukunst. Kathrin hat nach dem Studium zwei Jahre bei einem Architekten in Berlin gearbeitet, der ihre Arbeit sehr geschätzt hat und ihr aufgrund seiner guten Beziehungen die Stelle in Chicago verschaffen konnte.

Die Firma in Chicago ist weit größer als die in Berlin. Kathrin ist sich darüber im Klaren, dass sie als Berufsanfängerin bei einer so großen und renommierten Firma kaum mit großer künstlerischer Verantwortung betraut werden würde und so ist es auch. Sie bekommt die Aufgabe, Fassadenpläne zu erstellen und Bauherrenwünsche in Zeichnungen einzuarbeiten. Am Anfang schaut ihr Chef, Bob Woodward, häufiger vorbei, um zu sehen, wie sie zurecht kommt, was Frau Vogel als sehr fürsorglich empfindet. Ihre Probleme liegen weniger im Umgang mit der Software als mit der Bürokratie der großen Firma, beispielsweise wo sie ihren Ausweis kodieren lassen oder Büromaterialien bestellen kann. Bei solchen Belangen ist Bob immer hilfsbereit. Dazu lobt er sie immer großzügig für ihre Arbeit, auch wenn es sich nur um mehr oder weniger routinemäßige Aufgaben handelt. Wahrscheinlich, denkt sie, hat er ihr den Job nur aus Gefälligkeit gegenüber ihrem Berliner Chef verschafft. Und sie ist erleichtert, dass sie zumindest das Computerprogramm wirklich bedienen kann.

Doch zu ihrer Beunruhigung hört Bob auch nach Monaten nicht auf, ihre Arbeit zu kontrollieren. Traut er ihren Fähigkeiten doch nicht? Die Arbeit ist doch verhältnismäßig einfach und sie arbeitet sehr sorgfältig. Ja, er lobt sie auch immer für ihre Sorgfalt, sie fühlt sich aber wie ein Kind behandelt.

Kann sie unter diesen Umständen jemals auf eine Beförderung oder die Zuteilung einer anspruchsvolleren Aufgabe hoffen? Oder hat ihr Chef andere Interessen ihr gegenüber?

– Lesen Sie nun die Antwortalternativen nacheinander durch.
– Bestimmen Sie den Erklärungswert jeder Antwortalternative für die gegebene Situation und kreuzen Sie ihn auf der darunter befindlichen Skala an. Es ist möglich, dass mehrere Antwortalternativen den gleichen Erklärungswert besitzen.

■ Deutungen

a) Da Kathrin die Stelle über Beziehungen bekommen hat, behandelt man sie sehr schonend. Deswegen lobt Bob sie und zeigt sich auch sonst hilfsbereit.

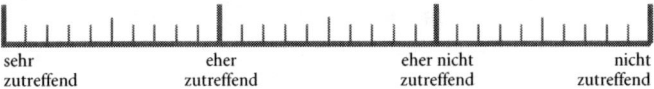

| sehr zutreffend | eher zutreffend | eher nicht zutreffend | nicht zutreffend |

b) Da die Gesetze hinsichtlich sexueller Belästigung in den USA so streng sind, ist Bob sehr vorsichtig. Lob und Aufmerksamkeit sind tatsächlich eine versteckte Anmache.

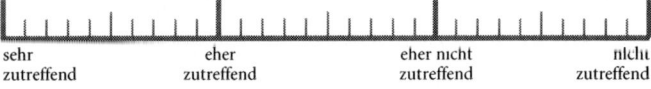

| sehr zutreffend | eher zutreffend | eher nicht zutreffend | nicht zutreffend |

c) Lob für erfolgreich geleistete Arbeit ist üblich in den USA, auch wenn damit keine besonders hohe Anforderung verbunden ist.

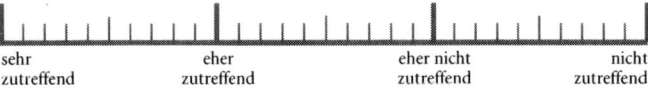

| sehr zutreffend | eher zutreffend | eher nicht zutreffend | nicht zutreffend |

d) Da Kathrin sich noch nicht auskennt – weder in Chicago, noch in der großen Firma – behandelt man sie tatsächlich wie ein Kind.

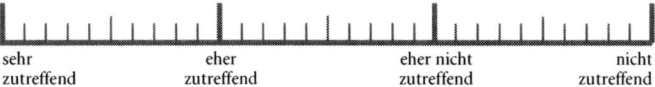

| sehr zutreffend | eher zutreffend | eher nicht zutreffend | nicht zutreffend |

– Versuchen Sie, Ihre Einstufung zu jeder Antwortalternative zu begründen. Halten Sie die Begründung in schriftlicher Form stichpunktartig fest.
– Lesen Sie nun die Erläuterungen zu jeder Antwortalternative durch und vergleichen Sie diese mit Ihren eigenen Begründungen.

■ Bedeutungen

Erläuterung zu a):
Dies dürfte kaum der Fall sein. Im Gegenteil: Jemand, der eine Stelle über Beziehungen erhalten hat, wird meist unter subtilen Druck gesetzt und muss sich beweisen. Amerika ist eine Leistungsgesellschaft; somit lautet das Ideal, etwas durch eigene Leistung und nicht durch Beziehungen zu erreichen. In Wirklichkeit freilich werden Beziehungen genau so häufig genutzt wie hier in Deutschland. Der Nutznießer jedoch bekommt im Normalfall wenig Schonzeit, sondern muss zeigen, dass er der Aufgabe wirklich gewachsen ist.

Erläuterungen zu b):
Es ist nicht so einfach, Männer wegen sexueller Belästigung anzuklagen. Dazu müssen etliche Bedingungen erfüllt sein, so muss die Betroffene den Täter ausdrücklich gewarnt haben. Bürobeziehungen bahnen sich genauso an wie in Deutschland – auch mit einer Einladung zum Kaffee oder zu anderem Unverfänglichen. Bob hätte viele Gelegenheiten, sich näher mit Kathrin einzulassen, gesetzt den Fall, auch sie hätte Interesse an ihm.

Erläuterungen zu c):
Die Aussage ist absolut richtig. In keinem Land dieser Welt wird so viel Lob verteilt wie in den USA. Lehrer loben Schüler für jede

139

richtige Antwort, Eltern loben Kinder, wenn sie am Strand eine Sandburg bauen und Vorgesetzte loben Mitarbeiter, die eine Aufgabe erfolgreich erledigen, auch wenn es um Routine geht.

Kritik wird dagegen nur spärlich geäußert. Ein erstes Zeichen von Unzufriedenheit ist Ausbleiben von Lob. Ein Mitarbeiter, der keine Anerkennung von seinem Vorgesetzten bekommt, sollte dies als einen Hinweis verstehen, dass seine Arbeit nicht zufrieden stellend ist. – Diese Attitüde ist das glatte Gegenteil zu der deutschen Prämisse, die konsequenterweise gute Arbeit selbstverständlich und schweigend hinnimmt und nur Verbesserungsbedürftiges benennt.

Erläuterungen zu d):
Es mag sein, dass die Kollegen Kathrin in den ersten Wochen ihres Aufenthalts Unterstützung angeboten haben und sich hilfsbereit zeigten. Danach aber ist das kaum zu erwarten.

■ **Lösungsstrategie**

Aus den bisherigen Ausführungen wissen wir, Kathrin braucht nicht beunruhigt zu sein. Bobs Art ist einfach nett. Sie könnte das positiv sehen und genießen. Hinzu kommt, dass es in den USA wie überall länger dauert, bis ein neuer Mitarbeiter kompliziertere Aufgaben übernehmen kann und darf.

Möchte sie schneller vorankommen, dann sollte sie mit ihrem Chef sprechen und sagen, dass sie gern mehr Verantwortung übernehmen würde. Eine ideale Möglichkeit besteht darin, konkretes Interesse zur Mitarbeit und Übernahme einer bestimmten Aufgabe zu bekunden, wenn sie von einem Projekt weiß. Das ist ihre Chance zu zeigen, was sie kann. Sollte ihr auch dann der Aufstieg zu langsam gehen, ist es in den USA ein gängiger Weg, die Firma zu wechseln.

■ Beispiel 18: Besuch einer Verkäuferin

■ Situation

Sarah Simpson, eine Amerikanerin, arbeitet im Vertrieb eines Anbieters für Büromaterial. Bei Großabnehmern pflegt ihre Firma persönlichen Kundenkontakt. Ihre Firma hat zur Zeit sehr günstige Konditionen bei verschiedenen Papierprodukten anzubieten, weshalb sie ihre Kunden direkt besucht. Unter ihnen ist auch Ludger Finken, ein Deutscher, der kürzlich von der deutschen Niederlassung in das amerikanische Stammhaus versetzt wurde und dessen Vorgänger nie bei Sarahs Firma bestellt hat, so dass sie hofft, Ludger für ihre Produkte gewinnen zu können.

Sarah ist sehr bemüht. Sie erklärt Herrn Finken das Sortiment, der ihr entgegenet, er habe noch keinen Überblick darüber, was die Abteilung brauche. Sarah ist klar, dass es nicht angebracht ist, ihn zu drängen und wechselt das Thema: Wie es ihm in Amerika gefalle? Ludger, bis dahin etwas reserviert, wird gesprächig. Das Schulsystem, sagt er, sei nicht so gut wie in Deutschland. Er wolle nicht länger als notwendig in den USA bleiben, um seinen Kinder eine anständige Ausbildung zu ermöglichen. Er finde auch, Amerikaner fehle eine ethische Grundhaltung – beinahe jeder zweite sei bewaffnet. Zudem fehle es an ökologischem Bewusstsein, man könne ja sehen, wie viel Glas und Plastik einfach weggeworfen werde. Abschließend teilt er Frau Simpson mit, dass er ihr Angebot überlegen werde. Es werde noch einige Wochen dauern, bis er den Bedarf geklärt habe. Sarah gibt ihm ihre Visitenkarte und verabschiedet sich. Einige Wochen später weiß Ludger, was er bestellen will. Als er nach ihrer Visitenkarte sucht, wundert er sich, dass sie sich von sich aus nicht gemeldet hat. Eine gute Verkäuferin sollte doch am Ball bleiben.

Ist es ihr egal, ob sie ihn als Kunden gewinnen kann?

- Lesen Sie nun die Antwortalternativen nacheinander durch.
- Bestimmen Sie den Erklärungswert jeder Antwortalternative für die gegebene Situation und kreuzen Sie ihn auf der darunter befindlichen Skala an. Es ist möglich, dass mehrere Antwortalternativen den gleichen Erklärungswert besitzen.

■ Deutungen

a) Sarah kennt die Firma und nimmt an, dass Herr Finken länger benötigt, sich einen Überblick zu verschaffen.

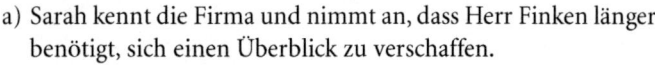

sehr	eher	eher nicht	nicht
zutreffend	zutreffend	zutreffend	zutreffend

b) In den USA ist es nicht üblich, Kunden anzurufen. Ein guter Kundendienst bedrängt seine Kunden nicht.

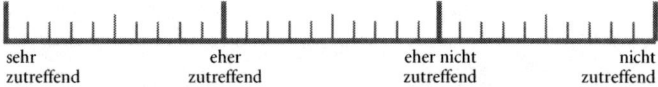

sehr	eher	eher nicht	nicht
zutreffend	zutreffend	zutreffend	zutreffend

c) Sarah ist gekränkt, weil Ludger sich so kritisch zu den USA geäußert hat.

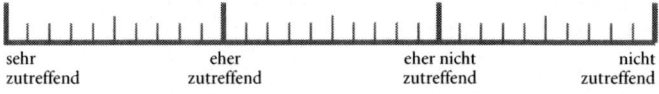

sehr	eher	eher nicht	nicht
zutreffend	zutreffend	zutreffend	zutreffend

d) Sarah glaubt, Ludger wollte ihr klar machen, dass er kein Interesse an ihren Produkten hat.

sehr	eher	eher nicht	nicht
zutreffend	zutreffend	zutreffend	zutreffend

- Versuchen Sie, Ihre Einstufung zu jeder Antwortalternative zu begründen. Halten Sie die Begründung in schriftlicher Form stichpunktartig fest.
- Lesen Sie nun die Erläuterungen zu jeder Antwortalternative durch und vergleichen Sie diese mit Ihren eigenen Begründungen.

■ Bedeutungen

Erläuterung zu a):
In den USA wird in der Arbeitswelt ein hohes Tempo vorgelegt. Es wird erwartet, dass Mitarbeiter eine Situation schnell einschätzen und handeln, besonders in Ludgers Position. Wenn nämlich

die Abteilung so groß ist, dass man Zeit braucht, sich einen Überblick über alle benötigten Büromaterialien zu verschaffen, dann ist es um so wichtiger, schnell zu bestellen, bevor wichtige Materialen fehlen. Auch wenn Herr Finken in dieser Situation Fehler machen würde, wäre es besser, schnell zu handeln. Fehler werden verziehen (vgl. »easy going«), aber in jedem Fall ist Zeit Geld.

Erläuterungen zu b):
Verkäufer in den USA sind gerade nicht für ihre Zurückhaltung bekannt. Auch jemand wie Frau Simpson, die sich sensibel zurückhält, wenn sie bemerkt, dass Druck nicht angebracht ist, würde nicht einfach warten. Sie könnte unverfänglich anrufen, ihn fragen, ob er noch irgendwelche Informationen brauche, ohne ihn zum Kauf zu drängen. Damit erinnert sie ihn lediglich an sich und die Bestellung.

Erläuterungen zu c):
Dies ist zweifelsohne der Fall, aber nicht der springende Punkt. Unabhängig davon, was Sarah für eine Meinung über das amerikanische Schulsystem, über Umweltschutz oder über Waffenbesitz hat – es steht einem gerade erst angekommenen Ausländer nicht zu, Amerika oder die Amerikaner zu kritisieren. Ihrem Gefühl nach ist das, als käme jemand zum ersten Mal in ihr Haus und würde gleich erklären, wie scheußlich er ihre Inneneinrichtung finde und dass ihre Bilder nicht von künstlerischem Geschmack zeugen. Ludgers Vergleich mit Deutschland setzt seiner Unhöflichkeit die Krone auf. Derartige Vergleiche wirken in amerikanischen Augen sehr arrogant und besserwisserisch.

Trotzdem, Sarah ist eine erfahrene Geschäftsfrau. Es ist nicht anzunehmen, dass sie sich wegen einer persönlichen Beleidigung eine Geschäftschance entgehen lässt.

Erläuterungen zu d):
In dieser Alternative liegt der Kern der Sache. Ludgers Verhalten Sarah gegenüber war so offensichtlich ablehnend und negativ, dass sie daraus den Schluss gezogen hat, er habe keine Absicht, weiter mit ihr und ihrer Firma im Kontakt zu bleiben. Sollte er sich trotzdem anders entscheiden, könnte er sie anrufen.

Amerikaner sind eine positive Ausdrucksweise gewöhnt. Sehr

oft wird ein Nein nicht offen ausgesprochen, sondern mit einer vagen, aber positiven Aussage nur angedeutet, dessen Unverbindlichkeit die Botschaft »nein« vermittelt. Deutsche hingegen sind sehr explizit in ihren Äußerungen: »ja« heißt »ja« und »nein« heißt »nein«. Diese unterschiedlichen Kommunikationsstrategien führen zu Missverständnissen. Deutsche neigen dazu, Antworten wörtlich zu nehmen. Eine höfliche amerikanische Ablehnung wie »Maybe we could think about that later« wird von ihnen so verstanden, dass das Thema einfach verschoben und nicht beendet ist. Umgekehrt tun sich Amerikaner sehr schwer mit deutschen Formulierungen. Eine Aussage wie »Ich finde die Idee im Prinzip gut, obwohl es einige Schwachstellen gibt« wird von ihnen so verstanden, dass die Idee absolut unbrauchbar ist. So passiert es oft, dass Deutsche entweder »ja« oder »vielleicht« verstehen, wenn Amerikaner »nein« meinen. Und wenn Deutsche eine bedingt positive Aussage machen, verstehen die Amerikaner oft »nein«.

Amerikaner reagieren nicht nur auf indirekte Aussagen, sondern auch auf Botschaften, die indirekt vermittelt werden. So auch in diesem Beispiel: ein ablehnendes Verhalten wird als Ablehnen des Geschäfts verstanden.

■ Beispiel 19: Smalltalk

■ Situation

Als Fachmann für Zinnverkleidungen und wegen seiner hervorragenden Englischkenntnisse ist Franz Kohlmeier häufiger in Kontakt mit amerikanischen Kunden. Seine Firma hat eine Vielzahl von Kunden in den USA und Franz selbst ist ein- oder zweimal im Jahr in den Staaten und fast immer dabei, wenn amerikanische Kunden oder Geschäftspartner nach Deutschland kommen.

Er erzählt: »Die langen Flüge sind anstrengend, aber es ist ganz interessant mitzukriegen, worüber sich die Amerikaner unterhalten. Auch in Amerika sind wir oft mit Geschäftspartnern abends zusammen und wenn sie nach Deutschland kommen, laden wir sie immer ein. Für manche ist es das erste Mal, dass sie in Europa sind und sie lassen sich gern in ein traditionsreiches Lokal führen.

Alle Amerikaner scheinen bei all diesen Gelegenheiten auf der einen Seite ganz offen zu sein – man redet eben nicht nur übers Geschäft. Sie erzählen viel. Aber sobald ein Thema ernster wird – zum Beispiel, wenn es um Politik geht – drücken sie sich sehr vage aus oder wechseln einfach das Thema. Ich habe oft den Eindruck, dass sie keine Meinungen haben. Vielleicht sind sie einfach uninformiert – man kennt ja die Berichterstattung der US-Medien. Ich finde es super, die Gelegenheit zu haben, Englisch mit Muttersprachlern zu sprechen, aber was die Inhalte angeht, habe ich manchmal das Gefühl, dass man mit ihnen kein richtiges, auf keinen Fall ein interessantes Gespräch führen kann.«

Wie lässt sich die Zurückhaltung der Amerikaner bei ernsthaften Themen erklären?

– Lesen Sie nun die Antwortalternativen nacheinander durch.
– Bestimmen Sie den Erklärungswert jeder Antwortalternative für die gegebene Situation und kreuzen Sie ihn auf der darunter befindlichen Skala an. Es ist möglich, dass mehrere Antwortalternativen den gleichen Erklärungswert besitzen.

■ Deutungen

a) Amerikaner haben kein Interesse an Politik. So fühlen sie sich überfordert, ein Thema zu diskutieren, von dem sie wenig verstehen.

| sehr zutreffend | eher zutreffend | eher nicht zutreffend | nicht zutreffend |

b) Die Geschäftspartner klammern Themen wie Politik aus, weil sie Bedenken haben, dass Meinungsverschiedenheiten die Atmosphäre vergiften könnten.

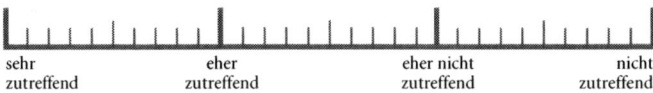

| sehr zutreffend | eher zutreffend | eher nicht zutreffend | nicht zutreffend |

c) Amerikaner haben keine Diskussionskultur. Man plaudert gern über belanglose Themen, aber alles andere schließt man aus.

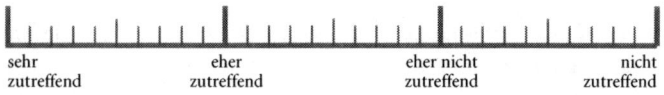

| sehr zutreffend | eher zutreffend | eher nicht zutreffend | nicht zutreffend |

d) Die Amerikaner haben so viel Kritik aus Deutschland an der amerikanischen Politik gehört, dass sie dieses Thema im Gespräch mit Deutschen vermeiden.

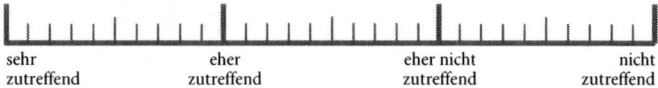

| sehr zutreffend | eher zutreffend | eher nicht zutreffend | nicht zutreffend |

- Versuchen Sie, Ihre Einstufung zu jeder Antwortalternative zu begründen. Halten Sie die Begründung in schriftlicher Form stichpunktartig fest.
- Lesen Sie nun die Erläuterungen zu jeder Antwortalternative durch und vergleichen Sie diese mit Ihren eigenen Begründungen.

■ Bedeutungen

Erläuterung zu a):
Diese Aussage stimmt nicht. An der Lokalpolitik haben Amerikaner schon immer reges Interesse gezeigt. Die Bürger in den USA haben verhältnismäßig viel Einfluss auf die lokale Gesetzgebung und so sind auch viele Menschen in der Lokalpolitik aktiv. Bezüglich der Themen, die Europäer tangieren und zu denen auch die Außenpolitik der USA gehört, ist das Interesse und die Anteilnahme in den letzten Jahren enorm gewachsen, da innerhalb Amerikas die Meinungen sehr gespalten sind.

Erläuterungen zu b):
Diese Antwort ist völlig richtig. Es ist unüblich, potenziell »heiße« Themen mit Geschäftspartnern anzusprechen – auch nicht bei einem Essen oder anderen nicht-geschäftlichen Begegnungen. Kontroverse Themen werden umgangen, weil man befürchtet, dass auftauchende Meinungsunterschiede das Klima zwischen den Geschäftspartnern verderben könnten. Amerikaner unterscheiden nicht so stark zwischen Kritik an einer Sache oder Meinung und Kritik an einer Person wie Deutsche. Meinungsver-

schiedenheiten zwischen nicht eng vertrauten Personen, wie das Geschäftspartner nun einmal sind, könnten leicht zu persönlichen Beleidigungen führen. Im Englischen gibt es auch keinen Begriff für das Wort »Sachlichkeit«, der genau die gleiche Bedeutung hätte.

Erläuterungen zu c):
Das trifft in gewissem Sinne zu. Die Diskussionskultur in den USA unterscheidet sich wesentlich von der hierzulande. Deutsche pflegen eine Art »Streitkultur«. Ein Sprecher hat eine Meinung, die er versucht, gegen eine andere zu behaupten. Jeder konzentriert sich auf die Schwachpunkte des Gegenübers und betont die Gründe, warum er Recht hat und nicht sein Gesprächspartner. Solche Diskussionen können für beide Seiten ein Genuss sein, eine Art intellektueller Kampfsport. Amerikaner empfinden diese Art von Gesprächsführung als aggressiv und rechthaberisch. Geraten sie in eine derartige Auseinandersetzung, stimmen sie oft zu (auch wenn sie anderer Meinung sind) oder wechseln das Thema, nur um ein derartiges Gespräch nicht fortsetzen zu müssen. Amerikaner messen die intellektuelle Leistung nicht daran, wie nachdrücklich, weil überzeugt und (hoffentlich) überzeugend jemand die eigenen Thesen vertritt, sondern wie gewandt er darin ist, neue Ideen zu integrieren oder zu entwickeln. Diese Strategie kann schwierig sein für einen Mensch, der sich nicht erstgenommen fühlt, wenn ihm kein Widerstand begegnet.

Herbert Marcuse, Professor und Vertreter der »Frankfurter Schule«, hat seine gesellschaftskritischen Thesen an der Universität von Kalifornien in San Diego vorgetragen. Er war es von Deutschland her gewohnt, dass seine Ansichten heftige Reaktionen auslösten. In Kalifornien jedoch haben seine Zuhörer ruhig und interessiert zugehört. Frustriert bezeichnete er Amerika als »eine Gesellschaft von repressiver Toleranz«. Ähnlich geht es manchen Deutschen, die das Gefühl haben, dass sie mit Amerikanern nicht richtig diskutieren können.

Erläuterungen zu d):
Innerhalb Europas richten Amerikaner ihr Augenmerk auf Frankreich. Während französischer Protest gegen amerikanische

Politik oft in der amerikanischen Presse erwähnt wird, erscheint Deutschland selten in diesem Zusammenhang. Ein Durchschnittsamerikaner weiß wenig über deutsche Vorstellungen von Amerika oder von amerikanischer Politik. Allerdings könnte diese Aussage auf Amerikaner zutreffen, die in Deutschland leben und ständig solche Bemerkungen zu hören bekommen.

■ Lösungsstrategie

Es ist für Deutsche essenziell, einige grundlegende Regeln der amerikanischen Gesprächsführung und des amerikanischen Smalltalk zu kennen und zu beherzigen. Sonst fühlen sie sich wie Franz Kohlmeier unwohl oder sie geben ihren amerikanischen Gesprächspartnern – und das ist schlimmer – die falschen Signale: sie würden ihr Gegenüber nicht sympathisch finden, sie wären wegen irgendetwas verstimmt, sie seien arrogant und unnahbar, sie würden einen bestimmten Sachverhalt verteufeln. Weil diese Regeln und ihre Hintergründe so wichtig sind, haben wir sie ausführlich im Anschluss an die Fallgeschichten beschrieben. Bitte studieren Sie dieses Kapitel (Kulturstandard »Soziale Anerkennung«) gründlich. Denn in interkulturellen Begegnungen geht es nicht nur darum, den anderen zu verstehen, sondern auch darum, sich so zu verhalten, dass andere sich nicht verletzt fühlen. Viele Deutsche denken, sie verstünden Amerikaner. Ihnen können wir nur sagen: Bitte lernen Sie das, was wir hier zusammengetragen haben, nicht für sich, sondern ihrem amerikanischen Gegenüber zuliebe.

■ Beispiel 20: Der Pullover

■ Situation

Eine in Deutschland lebende Amerikanerin, Mary, hat einen deutschen Freund, Günther, mit dem sie zusammenlebt. Sie hat sich in der Stadt einen neuen Pullover gekauft, kommt nach Hause und fragt ihn: »Wie gefällt dir mein Pullover?« Günther sieht sich den

Pullover kurz an, findet ihn aber einfach nur hässlich und antwortet: »Na ja, um ehrlich zu sein, ich find' ihn hässlich.« Mary ist zutiefst gekränkt. Sie rennt aus dem Zimmer: Wie kann Günther so etwas sagen?!

Was ist hier passiert? Warum ist Mary so sehr verletzt?

– Lesen Sie nun die Antwortalternativen nacheinander durch.
– Bestimmen Sie den Erklärungswert jeder Antwortalternative für die gegebene Situation und kreuzen Sie ihn auf der darunter befindlichen Skala an. Es ist möglich, dass mehrere Antwortalternativen den gleichen Erklärungswert besitzen.

■ Deutungen

a) Günther ist eben ein typischer Mann. Sie hat sich in ihm geirrt, ihn nett und feinfühlig zu finden.

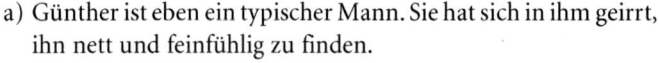

| sehr zutreffend | eher zutreffend | eher nicht zutreffend | nicht zutreffend |

b) Mary ist einfach zu sensibel. Wenn sie eine ehrliche Meinung nicht vertragen kann, soll sie nicht fragen.

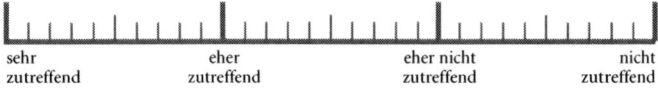

| sehr zutreffend | eher zutreffend | eher nicht zutreffend | nicht zutreffend |

c) Mary hätte, wie alle Amerikaner, ein mehr diplomatische Antwort erwartet.

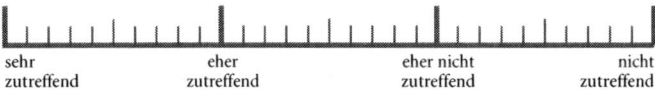

| sehr zutreffend | eher zutreffend | eher nicht zutreffend | nicht zutreffend |

d) Mary verwechselt hier etwas: Sie dachte, Liebende würden sich nur Komplimente machen.

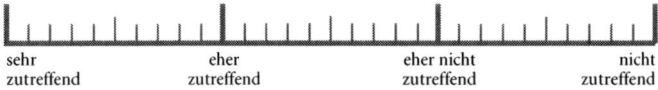

| sehr zutreffend | eher zutreffend | eher nicht zutreffend | nicht zutreffend |

– Versuchen Sie, Ihre Einstufung zu jeder Antwortalternative zu begründen. Halten Sie die Begründung in schriftlicher Form stichpunktartig fest.
– Lesen Sie nun die Erläuterungen zu jeder Antwortalternative durch und vergleichen Sie diese mit Ihren eigenen Begründungen.

■ Bedeutungen

Erläuterung zu a):
Es ist dieser Geschichte nicht zu entnehmen, ob Günther nett und feinfühlig ist – das kann durchaus sein. Er hat nur ehrlich seine Meinung geäußert und ist jetzt vermutlich ebenfalls betroffen und verwundert, welche Wirkung das hatte. Ob sich Mary in ihm geirrt hat, wird sich bei seiner Reaktion auf Marys Enttäuschung zeigen.

Erläuterungen zu b):
Aus der Sicht Günthers trifft diese Antwort zu. Jedoch wird er sich umstellen müssen, will er Mary als Freundin behalten. Amerikaner äußern ihre ehrliche Meinung oft gar nicht oder viel vorsichtiger und behutsamer als Deutsche. Eine derartig unvermittelte Antwort hatte sie nicht erwartet. Reagiert jemand so, dann käme sie niemals auf die Idee, dass Ehrlichkeit das Motiv sein könnte. Bei einer derartigen Kommunikation unter Amerikanern könnte man davon ausgehen, dass einer den anderen vorsätzlich verletzen will. Mary hat also wirklich zu schlucken und es wird einige Zeit dauern, bis sie Günther eine andere Version seiner Intention glauben kann.

Erläuterungen zu c):
Diese Antwort ist exakt richtig. Mary wollte einfach ihre Freude mit Günther teilen. Natürlich wäre es dann das Beste, wenn Günther diesen Pullover ebenso schön fände wie sie. Gefällt er ihm nicht, dann hätte er das dennoch in charmante Worte kleiden sollen. Beispielsweise, dass dieser Stil offensichtlich die neueste Mode sei oder dass er besonders bunte Farben habe, etc. Er hätte ausweichend antworten und ihr damit ein Signal geben können,

dass er ihre Begeisterung nicht uneingeschränkt teile. Das hätte sie verstanden. Wären ihm gar nette Worte eingefallen, hätte sie sich in ihrer Liebe zu ihm bestätigt gefühlt. Später, wenn sie dann den Pullover einmal in seiner Gegenwart tragen möchte, hätte er immer noch einen anderen Vorschlag machen können, was ihm denn noch besser an ihr gefallen würde.

Erläuterungen zu d):
Diese Antwort beinhaltet Richtiges. Mary kann und will tatsächlich zwischen der Pullover-Frage und der sonstigen Beziehung zu Günther nicht klar unterscheiden und neigt dazu, seine Äußerung persönlich zu nehmen. Aufgrund der sehr rücksichtsvollen und umeinander bemühten Umgangsweise unter Amerikanern vermeiden sie oft das Ansprechen unangenehmer Wahrheiten, auch und gerade in sehr nahen Beziehungen. Man will grundsätzlich kein Porzellan zerbrechen und schon gar nicht bei Menschen, die einem ans Herz gewachsen sind. Das wäre in ihren Augen unsensibel, verletzend, ja unnötig brutal.

◼ Kulturelle Verankerung von »Soziale Anerkennung«

Ein Amerikaner ist stets bemüht, ein »nice guy« zu sein. Er will bei seinen Mitmenschen ankommen, möchte gut mit anderen auskommen und gemocht werden, er möchte Zeichen der Freundschaft senden und bekommen. Positive soziale Rückmeldungen sind für das Selbstbild und die Selbsteinschätzung von hoher Bedeutung. Man gibt sie anderen, erwartet aber auch selbst entsprechende Rückmeldungen der Wertschätzung. Die amerikanische Auffassung von Höflichkeit heißt: Freundlichkeit, Verbreitung guter Laune und anderen gegenüber aufmerksam sein, »korrekte Etikette« hingegen gibt es nicht. Die obligatorische Frage von Deutschen, ob die Freundlichkeit von Amerikaner ehrlich gemeint sei, kann in folgender Hinsicht mit einem klaren Ja beantwortet werden: Sie sind überzeugt davon, dass sie selbst *und* ihr Gegenüber sich wohler fühlen, wenn die Atmosphäre nett, angenehm und freundlich ist – so ihre Intention. Freundlichkeit ist jedoch kein

Signal für eine sich anbahnende Freundschaft, ein typisches Missverständnis, dem wir ein eigenes Kapitel widmen (vgl. Kulturstandard »Interpersonale Distanzminimierung«).

Erfolgreichsein schließt für Amerikaner den sozialen Erfolg mit ein. Eine ansprechende Persönlichkeit zu sein, beliebt und bewundert zu werden, ist eine sehr erstrebenswerte Eigenschaft. Der soziale Erfolg bemisst sich beispielsweise nach der Anzahl der Ämter, der guten Freunde oder der Dates als Jugendlicher. Eine freundliche, höfliche, umeinander bemühte Umgangsweise ist auch im Geschäftsleben üblich, denn die beteiligten Personen, nicht nur die Sache, haben einen hohen Stellenwert. Die Zeichen der Anerkennung lauten hier: persönliche Begrüßung, freundliches Lächeln, Komplimente. Die Erziehung arbeitet von Kindesbeinen an mit viel mehr positiver Verstärkung als in Deutschland, das heißt mit Lob und Belohnung für erwünschtes Verhalten. Zwänge oder Disziplin, so die Meinung vieler Eltern, könnten die seelische Entwicklung von Kindern negativ beeinflussen. Die Frage: »Bin ich erfolgreich?« wird also fast gleichgesetzt mit der Frage: »Werde ich geliebt?« Amerikaner bleiben damit lebenslang für negative Reaktionen aus ihrem Umfeld entsprechend anfällig.

Ein indirekter, schonender Kommunikationsstil ist auch bei Absagen oder der Ablehnung von Angeboten angezeigt. Auf Absagen reagieren Amerikaner empfindlich, negativen Reaktionen und Stimmungen misst man viel Gewicht bei. Deshalb können Zusagen und Versprechungen der guten Atmosphäre wegen gegeben werden, ohne sie als verbindlich zu verstehen. Außerdem ist der Ausdruck von Ärger und Wut in der Öffentlichkeit tabu, man hat sich freundlich und gefasst zu verhalten.

◼ Smalltalk

Smalltalk ist das Mittel und das Kommunikationsritual, mit dem Menschen einer sehr mobilen – auch sozial mobilen – Gesellschaft mit unterschiedlichsten Lebenswegen ihre Distanz zueinander überbrücken und Kontakt miteinander aufnehmen. Er ist enorm wichtig, denn hier geht es um die Herstellung einer guten und angenehmen Atmosphäre. Während des Smalltalks werden die Weichen gestellt, ob man Gemeinsamkeiten entwickeln kann, wie das Gegenüber einzuschätzen ist, welche Informationen hinsichtlich potenzieller Netzwerke und Kompetenzen genutzt werden können und ob der Kontakt vertieft wird.

Für das Wie und Was des Smalltalk seien ein paar Spielregeln erwähnt: Lächeln gilt als normal und gehört zum »guten Ton«. Fragen an den Gegenüber signalisieren Offenheit. Kurze, einfache Antworten auf Fragen genügen, Details werden nicht erwartet. Es geht darum, Gemeinsamkeiten zu suchen. Angesagt ist ein schnelles Wechselspiel: Frage – Antwort – Gegenfrage. Deutschen kann dabei als Leitlinie folgende Verteilung dienen: 50 % der Zeit zuhören, 25 % Fragen stellen, 25 % selbst reden. Inhalt sollten unkomplizierte Themen wie Sport, Hobbys, Familie, Wetter, Autos, Nachrichten sein, zu vermeiden sind polarisierende und kritische Meinungsäußerungen. Schweigen wird als unangenehm empfunden. Es ist tabu, nach dem Gehalt zu fragen, über Stress, Religion, Politik, Krankheit, Tod oder Sex zu sprechen oder Äußerungen zu machen, die als diskriminierend empfunden werden oder in die Nähe von Klatsch gerückt werden könnten. Für zwischengeschlechtliche Kontakte ist zu beachten: keinerlei zweideutigen Witze und selbst mit Komplimenten zurückhaltend sein. Grundsätzlich gilt, niemals zu belehren, sondern nur Fragen zu stellen. Eine einfach anzuwendende Regel für Deutsche lautet, einfach die Fragen, die der (im Smalltalk weit geübtere!) amerikanische Gesprächspartner gestellt hat, zu wiederholen und dasselbe zuruckzufragen.

Smalltalk ist keineswegs für alle Amerikaner stets ein Vergnügen, auch sie müssen sich konzentrieren. Nicht umsonst existiert der Ausdruck »to work a party«. Machen nun Deutsche (aus welchen Gründen auch immer) nicht mit, wird das als Desinteresse und Ablehnung der Person wahrgenommen.

■ Kritik und Meinungsverschiedenheiten

Muss Kritik geäußert werden, dann ist das nicht nur sach-, sondern auch personenbezogen behutsamer und sensibler zu machen als gegenüber Deutschen. Kritische Äußerungen zur Person verbieten sich, sachbezogen sind sie natürlich nötig. Die Kunst, beides miteinander zu verbinden heißt in Amerika, sich stets der Auswirkungen einer kritischen Anmerkung auf die persönlichen Gefühle des Gegenüber bewusst zu sein, sie als Sprecher selbst rücksichtsvoll vorwegzunehmen und dann das, was man sagen muss, in einer Art und Weise zu verpacken und in einer Situation auszusprechen, der Gefahrenmomente minimiert. Amerikaner sind durchaus Leute, die es schätzen, Probleme und Konflikte durch Diskussionen zu beheben, aber auf das Wie kommt es an. Eine Möglichkeit besteht darin, jemanden liebevoll zur Selbsterkenntnis (seines Fehlers) hinzuführen und ihn dann sofort zu loben. Eine andere Möglichkeit ist die Sandwichmethode: Im ersten Schritt werden positive Aspekte hervorgehoben, wird Lob ausgesprochen oder etwas Nettes gesagt (»The progress has been terrific ...«); der zweite Schritt beinhaltet dann die Kritik, benennt die Schwachstellen, bringt die unangenehmen Punkte an; im dritten Schritt wird dann der Blick wieder auf das Positive gerichtet, werden Lösungswege erarbeitet oder angeboten, werden zukünftige positive Entwicklungen und Aussichten beschrieben. Mit dieser Taktik wird das Selbstwertgefühl der Person, die kritisiert oder beurteilt wird, geschützt, aber gleichzeitig dem Sprecher eine Möglichkeit eröffnet, Schwachstellen anzusprechen und eine unbefriedigende Situation zu verändern. Immer wieder hilft es, die Ziele und das Gesamtprojekt anzusprechen. Gut ist es, Ich-Botschaften zu senden (»Es hat mich verunsichert ...«), aber nicht oberlehrerhaft beraten zu wollen. – Der freundliche Ton bedeutet nicht, dass die Kritik nicht ernst gemeint ist. Es kann sogar das Gegenteil der Fall sein: Ein besonders zurückhaltender Ton kann auf ein hohes Konfliktpotenzial hindeuten.

Hinsichtlich divergierender Einstellungen und Ansichten sind Amerikaner Konfliktvermeider, die nicht schonungslos offen und hart miteinander debattieren, sondern das Thema fallen lassen oder, wenn es denn sein muss, sehr vorsichtig miteinander umgehen. Müssen in internen Besprechungen sachliche Einwände erhoben werden, dann geschieht dies in einem Ton großer Höflichkeit und Fairness. Bestehen gravierende Meinungsunterschiede, gilt ein Kompromiss als ideal, das heißt, sich aus den verschiedenen

Perspektiven und Vorschlägen jeweils das Beste herauszunehmen und es miteinander zu verbinden. Das Wort »kritisch« hat in USA keinerlei positive Konnotation im Sinne von »intelligent« oder »scharfsinnig«. Im Gegenteil, es ist negativ besetzt. Ist jemand kritisch, weist das darauf hin, dass er auf neurotische Weise unzufrieden ist und daher eine Person, die man besser meidet. Jemanden gar in der Öffentlichkeit zu kritisieren oder zurechtzuweisen, ist absolut verpönt. Wenn Kritik angebracht ist, dann unter vier Augen. Konflikte mit einem Chef werden sehr vorsichtig und indirekt ausgetragen oder einfach unter den Teppich gekehrt. Die optimale Lösung: einer von beiden wechselt die Stelle.

■ Meetings

Meetings sind gute Anlässe, sich selbst in Szene zu setzen, bei anderen einen guten Eindruck zu erwecken, Ideen zu verkaufen und dafür die Anerkennung anderer zu ernten. So sind Meetings (und auch Präsentationen) eine gute Gelegenheit, positive Rückmeldungen einzuholen. – Kann sich jemand nicht auf diese Art verkaufen, dann hat er es schwer.

Geht ein Deutscher davon aus, dass Meetings vorrangig einer Entscheidungsfindung dienen sollten, dann entsteht leicht der Eindruck, etliche amerikanische Meetings seien unproduktiv. Für Amerikaner besteht aber ihr Sinn oft in der Beziehungspflege: das Meeting ist für die Teammitglieder eine Möglichkeit, sich auszutauschen, erhöht dadurch ihre Motivation und bestätigt die Teammitgliedschaft. Wenn Entscheidungen und Informationen auf diese Art besprochen, statt belehrend mitgeteilt werden, dann fühlt man sich wohler (vgl. Kulturstandard »Gleichheit«).

■ Kommunikationsstil

Amerikaner reagieren empfindlich, wenn ihnen die Anerkennung für ihre Leistung verweigert wird. Sie bringen ihren Beitrag und erwarten dann auch gebührende Rückmeldung und Belohnung für ihre Arbeit. Die Bezahlung reicht dabei nicht aus, sondern man will auch nichtmaterielle Verstärkungen wie Lob und Komplimente (»terrific, wonderful, outstanding, excellent job«). Das prägt den Kommunikationsstil: Amerikaner loben andere und machen ihnen Komplimente für Kleinigkeiten, dabei übertreiben sie schamlos und reden in Superlativen. Auch Kollegen spornen sich durchaus gegenseitig mit übertrieben wirkendem Lob an.

Durch die Neigung, alles in Superlativen auszudrücken, kann der Eindruck entstehen, dass Amerikaner schnell begeistert sind. Was für einen Amerikaner »great« ist, ist für einen Deutschen »in Ordnung« und »passt«. Oft müssen Deutsche von amerikanischen Äußerungen eine Art »Wahrheitskoeffizienten« abziehen: »That's an interesting idea« aus dem Mund eines amerikanischen Chefs kann heißen, dass er den Vorschlag für indiskutabel hält. »No problem« meint, jemand bemüht sich um eine Lösung. Umgekehrt müssen wir in unserem Verhalten manchmal zulegen, um nicht missverstanden zu werden: Ist jemand auf die deutsche Art zurückhaltend und hört beispielsweise nur zu, anstatt sich aktiv an der Diskussion zu beteiligen, die Gruppe anzuspornen, Begeisterung und Engagement an den Tag zu legen, wird das leicht als Desinteresse ausgelegt.

Auch bei Verhandlungen ist es wichtig, dass der Kommunikationsstil von sozialer Anerkennung geprägt ist: Kritisches wird mit Positivem verbunden, damit es weniger entmutigend und sachlicher wirkt. Eine Ablehnung wird beispielsweise mit »vielleicht« oder »das ist ein möglicher Standpunkt«, mit dem Vorschlagen einer Alternative, durch Schweigen oder Hinterfragen umschrieben.

Amerikaner sind in folgenden Fällen nicht bereit, offen und ehrlich zu sein: das Thema geht ihnen persönlich zu nahe; sie möchten auf eine Bitte oder Einladung hin nein sagen, möchten die andere Person aber nicht verletzen; sie sind mit dem Gegenüber nicht vertraut genug, um einschätzen zu können, ob eine direkte Meinungsäußerung in der beabsichtigten konstruktiven Art verstanden wird; sie kennen den anderen zu gut (Lebenspartner, guter Freund) und möchten keine negativen Gefühle auslösen.

■ Kulturelle Verankerung

In der Lebenssituation der ersten Pioniere war Nachbarschaftshilfe in vielen Situationen überlebensnotwendig. Diese Hilfe wird
einem sympathischen, vertrauenerweckenden Menschen leichter angeboten. Zudem gebot die christliche Ethik Nächstenliebe:
Man hatte ein netter, hilfsbereiter Mensch zu sein.

Dazu kommt, dass in einer Einwanderungsgesellschaft mit
permanenten Veränderungen neben dem sozialen und ökonomischen Nutzen (vgl. Kulturstandard »Leistungsorientierung«) das
mit der Mehrheit jeweils konforme, konfliktfreie Verhalten zur
Sicherung der eigenen sozialen Position enorm wichtig wurde.
Niemand – keine Großfamilie, kein Clan – war dem Einzelnen
irgendwie verpflichtet. Akzeptanz und Sympathie musste er sich
durch positives Benehmen verdienen. Mit der Etablierung der
Republik und dem Inkrafttreten einer demokratischen Verfassung wurde es dann nötig, zur Durchsetzung von Interessen
Gleichgesinnte zu finden und deren Zuneigung nicht leichtfertig
aufs Spiel zusetzen. Soziale Attraktion sicherte nicht mehr nur
zunehmend das Überleben, sondern wurde zur Voraussetzung
zum Aufbau einer funktionierenden demokratischen Gesellschaft.

Bis der ganze Kontinent besiedelt war – das dauerte immerhin
fast 300 Jahre – war es möglich, Konflikten auszuweichen, indem
man einfach weiterzog. Man war nicht gezwungen, sich Konflikten zu stellen und mit Betroffenen ein Arrangement zu erzielen.
Diese Verhaltensweise ist auch im heutigen Arbeitsleben noch
häufig anzutreffen – in Form der Kündigung.

■ Themenbereich 7:
Interpersonale Distanzminimierung
(peaches vs. coconuts)

■ Beispiel 21: Im Englischunterricht

■ Situation

Frau Hageböck arbeitet als Managerin einer großen Handelskette in Frankfurt am Main. Vor einigen Jahren hat ihre Firma eine amerikanische Handelskette gekauft. Um eine möglichst gute Koordination zu gewährleisten, beschließt die Firma, künftig regelmäßig Manager aus Deutschland die Filialen in den USA besuchen zu lassen. Als erfahrene Frau, die sich schon häufiger in Krisenzeiten bewährt hat, steht Frau Hageböck auf der Liste dieser »Besuchsreisenden«, ihr Englisch bedarf allerdings einer Auffrischung. Dies soll jedoch kein Problem sein, die Firma ist bereit, für sie Englischunterricht zu bezahlen. Weil sie wegen ihrer beruflichen Verpflichtungen nicht an einem regelmäßig stattfindenden Kurs teilnehmen kann, hat sie Einzelunterricht bei einem Lehrer, mit dem sie auch spontan Termine für den Abend oder am Wochenende ausmachen kann. Seine einzige Bedingung ist, dass die Stunden bei ihm zu Hause stattfinden. Der Lehrer ist Amerikaner, der sich auf Geschäftsenglisch spezialisiert hat und er weiß sogar über einige Besonderheiten von Frau Hageböcks Branche Bescheid. Sie ist höchst zufrieden und fängt an, sich richtig auf Amerika zu freuen.

Während des Unterrichts passiert es gelegentlich, dass das Telefon klingelt. Ihr Lehrer ist dann immer sehr kurz angebunden, teilt mit, dass er zurückrufen wird und fährt fort. Einmal, an einem Donnerstagabend, kommt ein Anruf und ihr Lehrer spricht eine geschlagene Viertelstunde am Telefon. Da Frau Hageböck neben ihm sitzt, hört sie das Gespräch mit. Der Lehrer lacht und macht Witze. Als er auflegt, entschuldigt er sich ausgiebig und bietet Frau Hageböck an, dass sie dafür heute etwas extra Zeit bekommt, wenn sie es nicht eilig hat. Das sei, sagt er, eine neue Kundin für Übersetzungen, sie hat aus den Staaten angerufen. Da er sie nicht kennt, wollte er nicht beim ersten Kontakt das Gespräch abbrechen.

Frau Hageböck schmunzelt innerlich. Das war sicherlich kein Geschäftsgespräch! Aber er ist doch so entgegenkommend bezüglich ihrer unregelmäßigen Termine und so ein hervorragender Lehrer, dass sie sich sicherlich nicht beschweren wird, wenn er mal mit seiner Freundin reden will!

Wie erklären Sie sein Verhalten bei diesem Anruf?

– Lesen Sie nun die Antwortalternativen nacheinander durch.
– Bestimmen Sie den Erklärungswert jeder Antwortalternative für die gegebene Situation und kreuzen Sie ihn auf der darunter befindlichen Skala an. Es ist möglich, dass mehrere Antwortalternativen den gleichen Erklärungswert besitzen.

■ Deutungen

a) Frau Hageböck hat Recht. Der Lehrer hat ein privates Gespräch angenommen und es ist ihm im Nachhinein peinlich, dass das während einer bezahlten Unterrichtsstunde geschah.

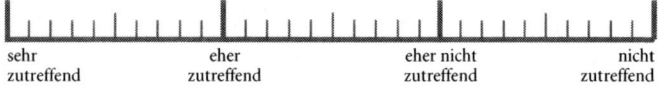

| sehr | eher | eher nicht | nicht |
| zutreffend | zutreffend | zutreffend | zutreffend |

b) Frau Hageböck hat Recht. Das war ein Privatgespräch. Aber der Lehrer schwindelt, weil er ihr gegenüber als erfolgreicher Geschäftsmann erscheinen will.

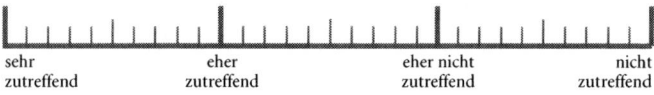

| sehr | eher | eher nicht | nicht |
| zutreffend | zutreffend | zutreffend | zutreffend |

c) Frau Hageböck hat Recht. Für Amerikaner ist es unangenehm, wenn Fremde ihre Privatgespräche mithören. Da es nicht zu vermeiden war, sucht er ihr gegenüber nach einer anderen Erklärung.

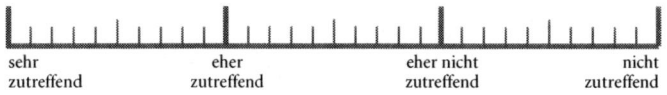

| sehr | eher | eher nicht | nicht |
| zutreffend | zutreffend | zutreffend | zutreffend |

d) Der Lehrer hat die Wahrheit gesagt. In den USA gibt es keinen großen Unterschied im Ton bei Gesprächen zwischen vertrauten und weniger vertrauten Menschen.

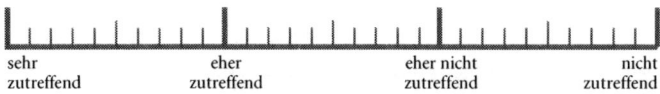

| sehr | eher | eher nicht | nicht |
| zutreffend | zutreffend | zutreffend | zutreffend |

– Versuchen Sie, Ihre Einstufung zu jeder Antwortalternative zu begründen. Halten Sie die Begründung in schriftlicher Form stichpunktartig fest.

– Lesen Sie nun die Erläuterungen zu jeder Antwortalternative durch und vergleichen Sie diese mit Ihren eigenen Begründungen.

■ Bedeutungen

Erläuterung zu a):
Es war dem Lehrer sicherlich peinlich, so lange während der Englischstunde telefoniert zu haben. Dafür hat er sich auch entschuldigt und ihr zugesagt, die Zeit nachzuholen. Doch das ist nicht der zentrale Punkt dieser Geschichte.

Erläuterungen zu b):
Es ist häufig so, dass Freiberufler Erfolg vorspielen, um als erfolgreich zu gelten. Es gibt aber eine näher liegende Antwort.

Erläuterungen zu c):
Das Gegenteil ist der Fall. Kunden und Kollegen sind für Amerikaner keine Fremden wie für Deutsche. Amerikaner sind in der Regel besser über das Privatleben ihrer Kollegen informiert als das in Deutschland üblich ist. Details des Privatlebens sind oft auch Teil des amerikanischen »office small talk«. Während Deutsche dazu neigen, sich Freunde außerhalb ihrer Arbeitszusammenhänge zu suchen, ist der Arbeitsplatz für manche Amerikaner durchaus ein Ort, um Freunde zu finden. Kollegen treffen sich oft privat, auch oft mit Anhang oder Familie.

Zusätzlich gilt auch, dass Amerikaner sich oft nicht sonderlich bemühen, ihre Privatsphäre geheim zu halten. In der Öffentlichkeit sprechen sie so laut, dass es oft nicht anders geht, als mitzuhören. Man spricht auch durchaus über familiäre Angelegenheiten mit Bekannten, die man nicht allzu gut kennt. In dieser Situation hätte der Lehrer es nicht verschwiegen, wenn er mit seiner Freundin gesprochen hätte. Trotzdem wäre es ihm peinlich gewesen – nicht, weil das Gespräch zu persönlich war, sondern weil es aus seiner Sicht unprofessionell wäre, während des Unterrichts private Gespräche zu führen.

Erläuterungen zu d):
Diese Antwort ist richtig. In Deutschland ist sehr leicht festzustellen, ob sich Gesprächspartner kennen. Körpersprache, Ausdrucksweise und Themenwahl sind eher förmlich, wenn sie sich nicht kennen. Erst bei zunehmender Bekanntschaft wird der Ton vertrauter, die Körperhaltung lockerer und das Gespräch entspannter. Amerikanische Kinder dagegen lernen, mit Fremden nicht anders umzugehen als mit Vertrauten. So fühlen sich denn auch erwachsene Amerikaner bei ersten Begegnungen mit Deutschen oft etwas unbehaglich. Die formelle und distanzierte Haltung Deutscher legen sie leicht als fehlende Sympathie oder Desinteresse aus.

■ Beispiel 22: Barbecues

■ Situation

Die Auswandererfamilie Kohl ist ein wenig enttäuscht von ihren amerikanischen Nachbarn, obwohl das Leben in den USA und das nachbarschaftliche Verhältnis am Anfang so viel versprechend waren. Die Firma von Herrn Kohl hatte eine Maklerin engagiert, um der Familie zu helfen, ein passendes Haus in Atlanta zu finden, in dem sie nun seit Anfang September wohnen. Es ist ein gemütliches Haus in einer Straße mit vielen herrlichen Bäumen. Die ersten Wochen waren zwar voller Hektik, denn Herr Kohl fing seine neue Arbeit an, die Kinder mussten sich in der neuen Schule eingewöhnen und Frau Kohl hatte tausend Kleinigkeiten zu erledigen, um den Alltag zu organisieren.

Als es Ende September kühler wurden, so dass die Abende nicht mehr heiß, sondern lauwarm waren und es richtig angenehm war, draußen zu sitzen, luden sich die Nachbarn gegenseitig zu Grillabenden ein. Auch die Familie Kohl war auf diese Weise bei etlichen Nachbarn zu Gast. So lernten sie die Menschen in ihrer Straße kennen. Die Leute waren freundlich und offen und bezogen Herrn und Frau Kohl in ihre Gespräche mit ein. Man erzählte ihnen vieles über die Nachbarschaft und über Atlanta. Die Kohls hatten das Gefühl, in einem Kreis von Freunden zu sein und dazuzugehören. Frau Kohl begann nun, die Nachbarinnen zu sich zu Kaffee und Kuchen einzuladen. Die Amerikanerinnen schienen diese Sitte nicht zu kennen und waren begeistert von ihren selbst gebackenen Kuchen. Die Runden waren immer entspannt und fröhlich.

Und nun erwarten die Kohls, dass sich die gegenseitigen Besuche häufen würden, aber trotz ihrer Bemühungen passiert dieses seit mehreren Monaten nicht so oft, wie es nach ihrer Ansicht unter Freunden üblich wäre. Frau Kohl ist ziemlich enttäuscht: Wenn die Leute kein echtes Interesse an ihnen haben, wieso tun sie dann so, als ob? Sie sehnt sich nach ihrem Zuhause in Deutschland.

Wie erklären Sie das Verhalten der amerikanischen Nachbarn?

– Lesen Sie nun die Antwortalternativen nacheinander durch.
– Bestimmen Sie den Erklärungswert jeder Antwortalternative für die gegebene Situation und kreuzen Sie ihn auf der darunter befindlichen Skala an. Es ist möglich, dass mehrere Antwortalternativen den gleichen Erklärungswert besitzen.

■ Deutungen

a) Die Nachbarn haben eigentlich kein Interesse an der Familie Kohl. Ihr Verhalten beruhte auf reiner Höflichkeit.

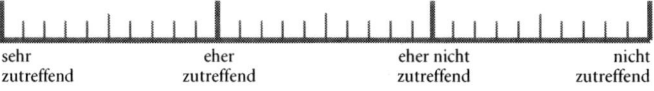

sehr
zutreffend | eher
zutreffend | eher nicht
zutreffend | nicht
zutreffend

b) Amerikaner haben einen anderen Begriff von Freundschaft. Gemütliche, aber unverbindliche Treffen sind die Regel für Freizeitkontakte.

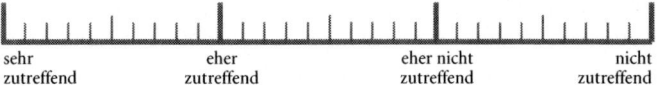

| sehr zutreffend | eher zutreffend | eher nicht zutreffend | nicht zutreffend |

c) Frau Kohl ist zu ungeduldig. Es dauert ein Weile, um wirkliche Freundschaften zu schließen – auch in den USA.

| sehr zutreffend | eher zutreffend | eher nicht zutreffend | nicht zutreffend |

d) In den Südstaaten sind die Menschen konservativ und etwas verschlossen. Man behandelt neu Hinzukommende zwar freundlich, sie werden aber keine Freunde.

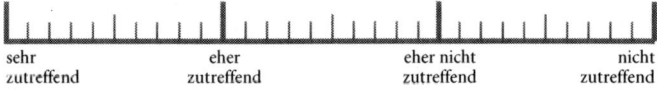

| sehr zutreffend | eher zutreffend | eher nicht zutreffend | nicht zutreffend |

– Versuchen Sie, Ihre Einstufung zu jeder Antwortalternative zu begründen. Halten Sie die Begründung in schriftlicher Form stichpunktartig fest.
– Lesen Sie nun die Erläuterungen zu jeder Antwortalternative durch und vergleichen Sie diese mit Ihren eigenen Begründungen.

■ Bedeutungen

Erläuterung zu a):
Es stimmt, dass es nach amerikanischem Verständnis höflich ist, eine gewisse Freundlichkeit an den Tag legt. Es ist auch anzunehmen, dass einige Nachbarn kein Interesse an den Kohls haben, entweder weil sie zu beschäftigt sind oder weil sie einfach keine gemeinsame Wellenlänge haben. Es ist jedoch nicht anzunehmen, dass es allen so geht. – Diese Antwort ist also nicht ausreichend.

Erläuterungen zu b):
Amerikaner haben sicherlich einen anderen Begriff von Freundschaft. Während man beispielsweise von einem Freund in Deutschland erwartet, dass er offen und ehrlich ist, dass er einem seine wahre Meinung sagt, erwarten Amerikaner von ihren Freunden, dass sie von ihnen Bestätigung bekommen (vgl. Kulturstandard »Soziale Anerkennung«) und das kann heißen, dass sie eben in manchen Situationen *nicht* ihre wirkliche Meinung aussprechen.

Gemütliche und unverbindliche Treffen unter Freunden und Bekannten kommen häufig vor, das stimmt. Aber der Sprachgebrauch für die Bezeichnung »friend« ist zum Teil irreführend für einen Deutschen. Das Wort »acquaintance« (Bekannter) wird nur dann gebraucht, wenn man betonen will, dass ein Verhältnis sehr distanziert ist. Sonst ist jeder ein »friend«. Wenn Amerikaner »Freund« im deutschen Sinne meinen, benutzen sie einen Zusatz wie »old friend«, »close friend« oder »dear friend«. Und »old friends« stehen einander nah, genau wie Freunde in Deutschland.

Erläuterungen zu c):
Diese Aussage trifft zu. In Deutschland sind erste Begegnungen etwas verhalten, man kennt den anderen ja nicht. Es dauert seine Zeit, bis man einen gemeinsamen Nenner gefunden hat, bis der Ton vertraut wird, der Umgang locker. Amerikaner kennen diese anfängliche Distanz nicht, sondern begegnen anderen sofort in einem ungezwungenen und familiären Ton. Das kann einen Deutschen, der diesen Umgang nur mit Freunden kennt, zu dem Schluss verleiten, Amerikaner würden sie oder ihn schon als Freund betrachten – und das umso mehr, wenn jemand von »my friend« spricht.

Es braucht Zeit, bis Deutsche Freundschaft schließen. Man beobachtet den anderen erst eine gewisse Zeit. Freundschaft ist eine ernst zu nehmende Angelegenheit, man möchte seiner Sache sicher sein. In den USA ist die Choreographie anders. Man öffnet sich sofort, um den anderen kennen zu lernen, damit man feststellen kann, ob es einen gemeinsamen Nenner gibt. Wenn einer sich nun gegen diese Freundschaft entscheidet, zieht er sich sanft zurück. Das geht auch, denn durch die anfängliche Offenheit ist noch niemand eine Verpflichtung eingegangen.

Bis sich allerdings »echte Freundschaften« entwickeln, dauert es in den USA genau so lange wie in Deutschland. Aller Wahrscheinlichkeit nach haben die Nachbarn der Kohls noch nicht genügend Zeit gehabt, sie richtig kennen zu lernen.

Erläuterungen zu d):
Der zweite Teil dieser Antwort ist absolut falsch. Die Menschen in den Südstaaten gelten innerhalb der USA zwar als insgesamt konservativ. Das bedeutet aber in sozialer Hinsicht nicht, dass sie verschlossen sind. Sie sind eher besonders gastfreundlich und herzlich – oft viel mehr als die Menschen in den Nordstaaten.

◼ Lösungsstrategie

Frau Kohl braucht einfach etwas mehr Geduld, genauso viel, wie ihr in Deutschland auch abverlangt würde. Sobald sie das Missverständnis erkannt hat, dass die anfängliche Offenheit nicht mit Freundschaft gleich zu setzen ist, ist das für sie auch leichter. Denn dann kann sie sich auf einen längeren Prozess des Kontaktaufbaus einstellen und genauso wie in Deutschland Verabredungen und Besuche zur Annäherung und zum Abgleich der etwaigen gemeinsamen Basis nutzen.

◼ Kulturelle Verankerung von »Interpersonale Distanzminimierung«

Wollte man das Kommunikationsverhalten mit einem »Zwiebelmodell« der Persönlichkeit charakterisieren, dann ist es hilfreich, sich im deutsch-amerikanischen Verhältnis folgende Schichten bewusst zu machen: Die periphere Schicht einer Persönlichkeit besteht aus dem, was sie als »öffentliche Person« zeigt und tut. Dazu zählen ihre berufliche Rolle und ihre gesellschaftlichen Funktionen (Mitgliedschaft in Verbänden, Vereinen, Parteien etc.). »Privat« verhält sich jemand in seinem Freundeskreis und in seiner Familie. Zum Bereich der »intimen Person« gehört das Gefühlsleben, das nur wenigen Menschen mitgeteilt wird.

Bei Amerikanern sind nur die äußeren, oberflächlichen Persönlichkeitsbereiche leicht zugänglich. Auf dieser Ebene mischen sich öffentliche und unproblematische private Themen, werden Fremde schnell angesprochen, ist man wenig distanziert. Offenheit, Geselligkeit, Kontaktfreudigkeit, Gruppenfähigkeit werden positiv gesehen, Neugier oder »dumme Fragen« sind erlaubt. Hilfsbereitschaft und Gastfreundschaft sind geradezu geboten. Dabei gibt man sich leger und informell (vgl. Kulturstandard »Gleichheit«). Man geht freundlich und neugierig auf seine Mitmenschen zu (vgl. Kulturstandard »Soziale Anerkennung«), erzählt von seiner Arbeit, Familie, seinem Lebenslauf und seinen Interessen. Man ist gesellig, spricht schnell von »friend«. Kollegen untereinander bemühen sich um gute Beziehungen, haben ein freundliches Lächeln füreinander auf den Lippen, springen schnell füreinander ein, verschließen ihre Türen nicht voreinander. Amerikaner wirken wie Sunnyboys: offen, freundlich, vital, spontan, optimistisch.

Zentrale, intimere Persönlichkeitsbereiche (problematische private Themen, intime Person) sind dagegen verschlossen und schwer zugänglich. Man vermeidet zu tief gehende persönliche Gesprächsthemen, ist zurückhaltend bei der Mitteilung persönlicher Probleme, Gefühle oder Einstellungen. Man will schließlich den anderen nicht belasten und behält derartige Gespräche echten Freundschaften vor.

Während kameradschaftliche Kontakte (»friend«) sehr schnell geschlossen werden, dauert es – wie in Deutschland – lange, bis man echte Freunde (»close friends«) gewinnt. Das zu Beginn angebotene Verhalten ist eben nicht gleichbedeutend mit Vertrautheit und Freundschaft, sondern meint Freundlichkeit und kann sich lediglich als kurzlebige Bekanntschaft entpuppen. Die offene und warme Umgangsweise führt nicht schrittweise zu einer tieferen, vertrauensvollen Beziehung, sondern endet oft an einem bestimmten Punkt und man sagt sich auf Wiedersehen.

Das deutsche Modell interpersonaler Distanz könnte dagegen so beschrieben werden: Deutsche sind Fremden gegenüber reserviert, brauchen Zeit, um mit jemandem »warm« zu werden, trennen »privat« und »öffentlich« klarer und differenzieren die gezeigte Distanz je nach beruflicher Funktion und sozialem Status.

Der Kulturunterschied zu Deutschen liegt also nicht darin, dass Amerikaner allgemein offener und zugänglicher sind, sondern dass sich die Barriere in der zwischenmenschlichen Annäherung zu einem anderen Zeitpunkt bemerkbar macht. Deutsche erschweren die Kontaktaufnahme gleich zu Beginn – weshalb Amerikaner uns als »coconuts« bezeichnen – und verhalten sich eher verschlossen, den Anderen mehr oder weniger ignorierend, betont unaufdringlich. Ist diese Anfangsschwierigkeit aber einmal überwunden und sogar eine gewisse Vertrauensbasis hergestellt, dann öffnen Deutsche sich schrittweise immer mehr. Bei Amerikanern bestehen diese Anfangsschwierigkeiten nicht, dafür wird nach einer Weile »abgeblockt«, weil ein engerer, tieferer Kontakt nur wenigen (später ausgewählten) Personen angeboten wird. Tief wurzelnde persönliche Überzeugungen, Probleme und Gefühle werden nur diesen »best friends« anvertraut.

Somit fällt vielen Deutschen das anfängliche Einleben in den USA leicht. Manchmal fühlt sich jemand vorschnell akzeptiert und interpretiert eine Einladung als Zeichen von Sympathie, obwohl diese Freundlichkeit lediglich Höflichkeit bedeutet, die Einladung unverbindlich und überhaupt nichts Außergewöhnliches ist. Dann ist derjenige enttäuscht, wenn eine weitere Annäherung ausbleibt und der spontanen Zuwendung und Hilfe eben keine dauerhafte, intensive Kontaktbereitschaft folgt. Diese Frustration steht hinter dem Vorurteil, Amerikaner seien nur zu oberflächlichen Beziehungen fähig.

Die wechselseitige Wahrnehmung lässt sich folgendermaßen beschreiben. Ein »peach« (Amerikaner) denkt von einer »coconut« (Deutscher): Die Person ist zuverlässig, vertrauenswürdig, ehrlich, ordentlich, berechenbar, aber auch unnahbar, steif, humorlos, unhöflich, ruppig, unfreundlich, wie ein »Roboter«, verkrampft. Eine »coconut« denkt von einem »peach«: Dieser Mensch ist flexibel, humorvoll, kreativ, enthusiastisch, freundlich, offen, aber auch nicht greifbar, oberflächlich, verspielt, unverbindlich, ein »Blender«, naiv und kindisch. Hierzu einige Fallstricke:

– Eine klassische Falle ist die Frage »How are you?«. Übersetzt sie ein Deutscher mit »Wie geht es Ihnen?« und antwortet mit detaillierten Ausführungen etwa zu seinem Gesundheitszustand, dann ist das schlicht unangemessen. Hier will niemand wissen, wie es dem anderen geht. Es geht um eine Grußfloskel, die den Alltag angenehm gestaltet. Vergleichbar ist sie am ehesten dem in Süddeutschland benutzten »Grüß Gott«, das auch keine Aufforderung zum Gebet darstellt. Erwartet wird also die stereotype Antwort »Fine, how are you?« Diese Floskel als Beweis für die Oberflächlichkeit der Amerikaner zu werten, ist ein massives Missverständnis.

– Solche Redewendungen finden sich häufiger: Schnell wird jemand eingeladen oder zu gemeinsamer Unternehmung gebeten, womit meist keine konkreten Absichten verbunden sind, sondern dem Gegenüber das Interesse an seiner Person signalisiert, Sympathie bekundet, eine angenehme Atmosphäre geschaffen werden soll. (Gemeint ist: Ich finde Sie so sympathisch, dass ich mir theoretisch vorstellen könnte, noch einmal Zeit mit Ihnen zu verbringen.) Wird tatsächlich eine weitergehende Einladung ausgesprochen (mit Nennung von Zeit und Ort), dann schieben Amerikaner gern eine Ausrede vor, wenn sie diese ausschlagen möchten (»Sorry, I'm busy«). Das darin ausgedrückte Desinteresse wird vom Gesprächspartner meist auch so verstanden und akzeptiert.

– Deutsche unterhalten sich in ihrer Freizeit gern über »ernsthafte« Themen und politisieren beispielsweise leidenschaftlich. Amerikaner möchten sich in ihrer Freizeit lieber zerstreuen, entspannen, Spaß haben. Auch deshalb werden Amerikaner oft, etwa bei einem Barbecue, als »oberflächlich« erlebt, wenn sie den konfliktgeladenen Themen Deutscher ausweichen. Es ist keinesfalls so, dass Amerikaner den Ernst des Lebens verkennen, aber sie engagieren sich lieber zielgerichtet ehrenamtlich. Die Neigung Deutscher, auch im Smalltalk (politische) Probleme anzusprechen und Missstände zu beklagen, ist Amerikanern fremd.

– Freundschaften entstehen eher aufgrund gemeinsamer Interessen und Aktivitäten und führen zu einer Art Spezialisierung sozialer Beziehungen. Es gibt dann eben Freunde bei der Arbeit und Freunde, mit denen man seine Freizeit verbringt. Dabei kann es sein, dass sich diese Freundeskreise nicht oder kaum überlappen.

Das hier beschriebene Verhalten eines »peaches« ist sehr hilfreich, um beweglich zu sein. So ist es einfach, mit Fremden ins Gespräch zu kommen – wie etwa in Warteschlangen, wo leicht Kontakt aufgenommen wird. Oberflächliche Bekannte helfen einem Neuling oft, ein Netzwerk aufzubauen, indem sie denjenigen mit ihren Freunden und Kollegen bekannt machen, so dass es einfacher wird, sich einen neuen privaten oder beruflichen Freundeskreis aufzubauen. Der Begriff Freundschaft ist sehr elastisch und umfasst auch neue Bekannte, die leicht in Gruppen oder in der Nachbarschaft aufgenommen werden. – Eine derartige vorbehaltlose Offenheit irritiert Deutsche leicht, da sie sie mit echter Freundschaft verwechseln. Das ist verständlich, da in Deutschland in der Regel Leute nur jenen Sachen leihen oder Hilfe anbieten, die sie lange kennen. Passiert einem Deutschen das Gleiche in den USA zu Beginn seines Aufenthalts, ist er im weiteren Verlauf der Bekanntschaft dann womöglich enttäuscht und hält Amerikaner für oberflächlich, wenn diese weitere Erwartungen an eine Freundschaft nicht erfüllen. Neulinge sind auch für Amerikaner zufällige Bekannte und eine echte Freundschaft zu entwickeln braucht, wie gesagt, in den USA genauso viel Zeit wie in Deutschland.

◼ Kulturelle Verankerung

Mobilität war das hervorstechendste Merkmal der Einwanderer und Pioniere. Nachbarschaftshilfe war dabei in vielen Situationen schlichtweg überlebensnotwendig. Da hohe Mobilität Amerikaner bis heute kennzeichnet, verfügt jede Generation über die Erfahrung, fremd zu sein, sich einleben zu müssen und immer wieder auf Hilfe angewiesen zu sein. Heute ist das Leben nicht mehr gefährdet, sehr wohl jedoch das psychische Wohlbefinden, bis sich jemand eingewöhnt hat. Offen zu sein erleichtert es, Unterstützung zu bekommen, offen auf andere zuzugehen, erleichtert die Kontaktaufnahme.

Die weitgehende Ausklammerung des inneren Gefühlslebens gegenüber anderen und die daraus resultierende Verschlossenheit hinsichtlich zentraler Persönlichkeitsbereiche sowie die Vermeidung entsprechender Gesprächsthemen entspringt puritanischen Vorstellungen: Gefühle sind zu kontrollieren, mit seinem Innenleben hat man niemanden zu belästigen.

■ Literaturempfehlungen

Althen, G. (1988): American ways. A guide for foreigners in the United States. Yarmouth, Maine.

Bellah, R.; Madsen, R.; Sullivan, W.; Swidler, A.; Tipton, S. (1985): Habits of the heart – individualism and commitment in American life. Berkeley.

De Herte, R.; Nigra, H.-J. (1979): Die USA: Europas missratenes Kind. München.

Engel, D. W. (1997): Passport USA: your pocket guide to American business culture, culture & etiquette. San Rafael, California.

Fawcett, E.; Thomas, T. (1983): Die Amerikaner heute: Psychogramm eines Volkes im Wandel. Bern.

Funke, P. (Hg.) (1989): Understanding the USA: a cross-cultural perspective. Tübingen.

Hall, E.; Hall, M. (1983): Verborgene Signale – Studien zur internationalen Kommunikation: Über den Umgang mit Amerikanern. Hamburg.

Hall, E.; Hall, M. (1989): Understanding cultural differences. Germans, French and Americans. Yarmouth, Maine.

Hammond, J.; Morrison, J. (1996): The stuff Americans are made of: the seven cultural forces that define Americans – A new framework for quality, productivity and profitability. Macmillan.

Harpprecht, K. (1982): Der fremde Freund. Amerika: Eine innere Geschichte. Stuttgart.

Holthusen, H. E. (1977): Amerikaner und Deutsche: Dialog zweier Kulturen. München.

Hofe, H. von (1963): Die Kultur der Vereinigten Staaten von Amerika. In: Thurnher, E. (Hg.): Handbuch der Kulturgeschichte, zweite Abteilung: Kulturen der Völker. Die Kultur der angelsächsischen Völker. Konstanz.

Inkeles, A. (1983): The American character. A »remarkable degree of continuity« persists despite a »crisis of confidence«. The Center Magazine, Nov./Dez.: 25–39.

Kalberg, S. (1987): West German and American interaction forms: One level of structured misunderstanding. Theory, Culture & Society 4: 603–618.

Konstroffer, O. F. (2000): So nutzen Sie Ihre Chancen in amerikanischer Unternehmenskultur. Landsberg.

Lanier, A. (1996): Living in the USA. Yarmouth, Maine.

Law, A. M. (1913): Die Amerikaner: Eine Studie der Völkerpsychologie. Berlin.

Müller, A.; Thomas, A. (1991): Interkulturelles Orientierungstraining für die USA. Saarbrücken.

Münch, R. (1986): Die Kultur der Moderne. Band 1: Ihre Grundlagen und ihre Entwicklung in England und Amerika. Frankfurt/Main.

Murphy, A. (1991): Cultural encounters in the USA. Lincolnwood, Illinois.

Otte, M. (1998): Amerika für Geschäftsleute: Das Einmaleins der ungeschriebenen Regeln. Berlin.

Raeithel, G. (1988/92): Geschichte der Nordamerikanischen Kultur in drei Bänden. Parkland.

Raeithel, G. (1993): Go West. Ein psychohistorischer Versuch über die Amerikaner. Hamburg.

Sautter, U. (1994): Geschichte der Vereinigten Staaten von Amerika. Stuttgart.

Schmidt, P. L. (2003): Die amerikanische und die deutsche Wirtschaftskultur im Vergleich: ein Praxishandbuch für Manager, 4. Aufl. Göttingen.

Schroll-Machl, S.; Slate, E. J. (2005): Nordamerika: USA. In: Thomas, A.; Kammhuber, S.; Schroll-Machl, S. (Hg.) (2003): Handbuch Interkulturelle Kommunikation und Kooperation, Bd. 2: Länder, Kulturen und interkulturelle Berufstätigkeit, 2. Aufl. Göttingen, S. 135–149.

Schroll-Machl, S. (2000): Kulturbedingte Unterschiede im Problemlöseprozess. OrganisationsEntwicklung 1: 77–81.

Schroll-Machl, S. (2001): Aspekte amerikanischer und deutscher Unternehmenskulturen im Vergleich. Wirtschaftspsychologie 3: 136–143.

Schroll-Machl, S. (2003): Die Deutschen – Wir Deutsche. Fremdwahrnehmung und Selbstsicht im Berufsleben, 2. Aufl. Göttingen.

Schroll-Machl, S. (2005): Doing business with Germans. Their perception – Our perception, 2. Aufl. Göttingen.

Slate, E. J. (1996): Frauen im Beruf: USA. In: Sekretariat.

Slate, E. J. (1997): Americans Abroad. In: Worldwide Business Practices Report.

Slate, E. J. (2004): Working in Germany: the American view. In: working@office.

Snowman, D. (1977): Britain and America. New York.

Spindler, G.; Spindler, L. (1983): Anthropologists view American culture. Annual Review of Anthropology 12: 49–78.

Stahl, G.; Langeloh, C.; Kühlmann, T. (1999): Geschäftlich in den USA. Wien.

Stevenson, D. K. (1987): American life and institutions. Stuttgart.

Stewart, E.; Bennett, M. (1991): American cultural patterns. A cross-cultural perspective. Yarmouth, Maine.

Storti, C. (2004): Americans at work. Yarmouth, Maine.

Thomas, A. (Hg.) (1996): Psychologie interkulturellen Handelns. Göttingen.

Tuleja, T. (1987): Curious customs. The stories behind 296 popular American rituals. New York.

Uthmann, J. von (1989): Volk ohne Eigenschaften: Amerika und seine Widersprüche. Hamburg.

Wanning, E. (1991): Culture shock! USA. Portland, Oregon.

Watzlawik, P. (1995): Gebrauchsanweisung für Amerikaner. München.

Zeutschel, U. (1999): Interkulturelle Synergie auf dem Weg: Erkenntnisse aus deutsch/US-amerikanischen Problemlösegruppen. Gruppendynamik 30 (2): 131–149.

Wenn Sie weiterlesen möchten ...

Sylvia Schroll-Machl
Die Deutschen – Wir Deutsche
Fremdwahrnehmung und Selbstsicht im Berufsleben

Die Globalisierung ist inzwischen allgegenwärtig. Diese Tatsache stellt viele Menschen vor neue Situationen: Kulturunterschiede sind nicht mehr nur etwas, was Touristen fasziniert und Wissenschaftler anregt, sondern sie sind weitgehend Alltag geworden, insbesondere auch in beruflichen Zusammenhängen.

Das Buch wendet sich an beide Seiten dieser geschäftlichen Partnerschaft: zum einen an jene, die mit Deutschen von ihrem Heimatland aus zu tun haben, oder als Expatriate, der für einige Zeit in Deutschland lebt, zum anderen an die Deutschen, die mit Partnern aus aller Welt im Geschäftskontakt stehen, sei es per Geschäftsbesuch oder via Kommunikationsmedien. Für die erste Gruppe ist es wichtig, Informationen über Deutsche zu erhalten, um sich auf uns einstellen zu können. Für Deutsche selbst ist es hilfreich zu erfahren, wie unsere nicht-deutschen Partner uns erleben, um uns selbst im Spiegel der anderen zu sehen.

Sylvia Schroll-Machl berichtet auf dem Hintergrund langjähriger Praxis als interkulturelle Trainerin und Wissenschaftlerin über viele typische Erfahrungen mit uns Deutschen und typische Eindrücke von uns.

Es geht ihr aber auch darum, diese Erlebnisse und Erfahrungen aus deutscher Sicht zu beleuchten, damit die nicht-deutschen Partner entdecken, wie wir eigentlich das meinen, was wir sagen und tun. Zudem beschäftigt sich die Autorin auch mit den kulturhistorischen Hintergründen, die uns Deutsche prägen.

Sylvia Schroll-Machl
Doing Business with Germans
Their Perception, Our Perception

As globalisation becomes more pervasive in everyday life, many people are faced with challenging new situations: Cultural differences are no longer only something that fascinate tourists and intrigue academics. The impacts of globalisation have become, to a large extent, a part of our daily life, particularly in the business world. This book concerns itself with the two sides of German business partnerships in an intercultural setting: on the one hand it deals with people working from their home country with Germans, as well as with expatriates who are living in Germany, and on the other hand it portrays Germans who have business relationships with people from all over the world, be it per business meeting or via telecommunication.

It is important for foreigners working with Germans to be informed about Germans in order for them to be able to adjust and understand the German mentality. For Germans it is a helpful tool to obtain an understanding of how their non-German partners perceive them, allowing them to see themselves as they are seen by others. Based on her academic training and many years of experience, Sylvia Schroll-Machl describes many typical experiences that foreigners have with Germans and offers typical impressions of their behavior. It is her intention to show these experiences from a German point of view, so that non-Germans can discover what Germans actually mean when they say and do particular things. The author also concerns herself with the cultural and historical background which has shaped the German identity.

Handlungskompetenz im Ausland

V&R

Beruflich in den arabischen Golfstaaten
ISBN 978-3-525-49147-8

Beruflich in Argentinien
ISBN 978-3-525-49053-2

Beruflich in Australien
ISBN 978-3-525-49007-5

Beruflich in Brasilien
ISBN 978-3-525-49059-4

Beruflich in Bulgarien
ISBN 978-3-525-49149-2

Beruflich in Chile
ISBN 978-3-525-49146-1

Beruflich in China
ISBN 978-3-525-49050-1

Beruflich in Frankreich
ISBN 978-3-525-49143-0

Beruflich in Großbritannien
ISBN 978-3-525-49051-8

Beruflich in Indien
ISBN 978-3-525-49068-6

Beruflich in Indonesien
ISBN 978-3-525-49052-5

Beruflich in Irland
ISBN 978-3-525-49065-5

Beruflich in Israel
ISBN 978-3-525-49151-5

Beruflich in Italien
ISBN 978-3-525-49069-3

Beruflich in Japan
ISBN 978-3-525-49061-7

Beruflich in Kanada
ISBN 978-3-525-49066-2

Beruflich in Kenia und Tansania
ISBN 978-3-525-49054-9

Beruflich in Malaysia
ISBN 978-3-525-49067-9

Beruflich in Mexiko
ISBN 978-3-525-49060-0

Beruflich in den Niederlanden
ISBN 978-3-525-49141-6

Beruflich in Norwegen
ISBN 978-3-525-49142-3

Beruflich in Österreich
ISBN 978-3-525-49152-2

Beruflich in Peru
ISBN 978-3-525-40358-7

Beruflich in Polen
ISBN 978-3-525-49112-6

Beruflich in Rumänien
ISBN 978-3-525-49148-5

Beruflich in Russland
ISBN 978-3-525-49056-3

Beruflich in der Schweiz
ISBN 978-3-525-49150-8

Beruflich in der Slowakei
ISBN 978-3-525-49063-1

Beruflich in Spanien
ISBN 978-3-525-49145-4

Beruflich in Südafrika
ISBN 978-3-525-49057-0

Beruflich in Südkorea
ISBN 978-3-525-49058-7

Beruflich in Thailand
ISBN 978-3-525-49009-9

Beruflich in Tschechien
ISBN 978-3-525-49055-6

Beruflich in der Türkei
ISBN 978-3-525-49006-8

Beruflich in der Ukraine
ISBN 978-3-525-49144-7

Beruflich in Ungarn
ISBN 978-3-525-49008-2

Beruflich in Vietnam
ISBN 978-3-525-49113-3

E-Books sind erhältlich! Mehr unter www.v-r.de

Vandenhoeck & Ruprecht